建筑工程管理与材料应用

张 雷 金建平 解国梁 著

吉林科学技术出版社

图书在版编目（CIP）数据

建筑工程管理与材料应用 / 张雷, 金建平, 解国梁
著. -- 长春 : 吉林科学技术出版社, 2022.5
　ISBN 978-7-5578-9325-5

Ⅰ. ①建… Ⅱ. ①张… ②金… ③解… Ⅲ. ①建筑工
程-工程管理②建筑材料 Ⅳ. ①TU71②TU5

中国版本图书馆CIP数据核字(2022)第072674号

建筑工程管理与材料应用

著	张　雷　金建平　解国梁	
出 版 人	宛　霞	
责任编辑	梁丽玲	
封面设计	古　利	
制　　版	长春美印图文设计有限公司	
幅面尺寸	185mm×260mm	
开　　本	16	
字　　数	100 千字	
印　　张	7.5	
印　　数	1-1500 册	
版　　次	2022年5月第1版	
印　　次	2022年5月第1次印刷	

出　　版　吉林科学技术出版社
发　　行　吉林科学技术出版社
地　　址　长春市南关区福祉大路5788号出版大厦A座
邮　　编　130118
发行部电话/传真　0431-81629529　81629530　81629531
　　　　　　　　　　81629532　81629533　81629534
储运部电话　0431-86059116
编辑部电话　0431-81629510
印　　刷　廊坊市印艺阁数字科技有限公司

书　　号　ISBN 978-7-5578-9325-5
定　　价　68.00元

前　言

随着当前社会的不断发展，建筑工程管理的作用也越来越大。通过有效利用建筑工程管理，能够更好地保证建筑工程顺利完成，从而为建筑企业发展提供有力帮助。因此，我们必须首先明确建筑工程管理的重要性，然后采取相应创新方法，以便更好地发挥建筑工程管理的作用，真正为建筑行业的发展提供帮助。同时，在建筑装饰材料不断向前发展的过程中，涌现出许多新材料、新技术。这些新材料不仅更美观，而且更符合现代人追求的环保、健康理念。探究建筑装饰材料中新材料和新技术的应用，具有积极的现实意义。

本书以"建筑工程管理与材料应用"为题，在内容编排上共设置五章：第一章是建筑工程概论，内容涵盖建筑工程的技术特点与发展、建筑工程管理的控制要点与优化、建筑工程现场施工的科学管理；第二章研究建筑工程项目组织管理与控制，内容囊括建筑工程项目的组织管理、建筑工程项目的施工成本、建筑工程项目施工进度控制；第三章通过研究建筑工程招标及其编制、建筑工程投标及报价管理、建筑工程合同管理与工程索赔，解读了建筑工程招投标与合同管理的相关内容；第四章基于建筑材料管理及其系统设计应用的视角，探究建筑材料消耗量定额管理、建筑材料计划与采购管理、建筑材料管理系统的设计应用；第五章对建筑装饰材料及其发展趋势、建筑装饰金属与陶瓷材料、建筑装饰材料的实践应用进行全面分析。

本书体系完整，视野开阔，层次清晰，通过理论与实践相结合的方式，借助通俗易懂的语言风格、系统明了的行文结构，对建筑工程管理与材料应用的相关内容进行系统梳理和阐述。同时，本书针对性与适用性很广、可读性与实用性较强，可以给相关研究者提供一定的参考。

笔者在撰写本书的过程中，得到了许多专家、学者的帮助和指导，在此表示诚挚的谢意。由于笔者水平有限，加之时间仓促，书中所涉及的内容难免有疏漏之处，希望各位读者多提宝贵意见，以便笔者进一步修改，使之更加完善。

目　录

第一章　建筑工程概论

建筑是城市规划的基础，也是人们工作和生活所需要的必备场所，人们在建筑中进行活动的时间较长。基于此，本章围绕建筑工程的技术特点与发展、建筑工程管理的控制要点与优化、建筑工程现场施工的科学管理展开论述。

第一节　建筑工程的技术特点与发展

"基于我国经济发展形势一片繁荣的基础，建筑行业得到了很大的发展。而在建筑工程中施工技术的应用一直必不可少，在整个建筑项目中有着非常关键的作用。"[①]

一、建筑工程技术的主要特点

第一，技术更新速度。时代一直在变化，科技随着人们自身的研究和创造进行发展，未来一定时期内人口的数量在下降之后将会呈现一个稳定的状态，我国各行各业都会随着时代的变迁而做出相应的调整，建筑工程是保证社会稳定发展的基础工程，因而也会进行先进技术的引进，建筑技术在检测仪器、施工设备、人员操作等方面会进行相应的换代和升级，人的职业道德将会受到法律的约束和自身的规范，设备系统会进行相应的优化，操作流程会更加便捷和规范。

第二，环保化、绿色化。节能减排、绿色环保是新世纪的重点关注项目，相关的创新理念会应用到建筑行业的发展环节当中。建筑工程在设计的过程当中，需要结合具体的施工区域进行针对性的设计，设计人员需要秉持环保绿色理念，在施工的过程当中，尽量地减少废料的形成和排放，尽量地减少环境方面的污染。

第三，自动化、智能化。智能化、自动化是目前组织发展过程当中必不可少的理念，建筑行业之所以能够长久地稳定运营下去，不仅有政府的扶持还有相关的理念支撑。智能化、自动化来源于人类在其软件和硬件上的发明和创造，建筑行业自动化、智能化技术的应用体现在材料生产环节、施工环节当中，利用计算机技术、通信信息技术、安全系统、管理系统等使建筑的施工质量进行提升的同时，保障了施工人员的安全。还可以利用塔吊、定位仪等设备进行部分环节自动化施工。

第四，章程化、涉及领域范围广。建筑行业涉及土木工程、环境工程、采暖系统、煤气工程、电梯消防等众多方面，各项内容的基本架构离不开相应学科的知识理论基础和各

---

① 陈秀良．剖析建筑工程技术特点及未来发展趋势 [J]. 四川水泥，2021（7）：226-227.

个学科的内容融合，建筑工程的管理人员需要掌握相关的基础知识，通过各个环节的合理分配，促进建筑工程的有效进行。在施工的过程当中，需要相关人员按照各个环节的章程进行各个工序，施工人员需要掌握相关的实践知识，具备自行分析和思考的能力，使工程更加安全合理。

第五，专业化。建筑工程的各个环节都有相关的团队支撑，团队需要有一定的专业化水平，建筑工程技术人员在多年的教育体系下进行学习和专业培养，具备一定的技术基础理论知识，无论是管理团队、施工团队，还是造价团队，工作人员都应该对自身严格要求，以便能够冷静地面对各种问题。

二、建筑工程技术的未来发展

"伴随着我国经济的发展，建筑工程技术也在不断创新与发展，由于建筑工程技术是一项烦冗且复杂的工作技术，需要现场施工人员和管理人员根据实际情况进行分析、工作并开展实施管理，所以在建筑施工技术中应该积极创新，结合时代特色。"[①]

（一）质量方面的发展

从质量方面来看，建筑工程技术在当前得到了较好的发展，形成了大量先进的建筑工程检测技术。目前，建筑工程实践中最常用的检测技术如下所示：

第一，超声波检测技术。该技术主要依托超声波对存在于建筑结构中的缺陷、混凝土强度等进行检测，属于无损探伤技术的一种类型。超声波检测技术的原理为：在介质材料的坚硬程度较高时，超声波的传播速度更快，从CT成像结果中，能够发现建筑工程在打桩环节中，桩体在不同区间范围内的缺陷程度，由此通过比对，实现高质量打桩；在介质材料的坚硬程度较小时，超声波的传播速度较慢，结合对超声波传播速度的确定，可以推算出材料的强度。实践中，通过在待检测区域加设超声波发射以及接收转换装置，就能够获取相应区域的材料性能、缺陷程度以及抗压性能等数据。

第二，频谱分析技术。该技术主要依托频率的特性完成检测。实践中，操作人员敲击待测区域产生震源，促使震荡波按照固定频率扩散，结合频谱分析仪的应用就能够完成检测。该技术在确定施工区域的地层结构、建筑结构内部情况等方面发挥着重要作用。

第三，红外热像技术。该技术主要利用红外线辐射完成检测，明确待测物内部的温度分布情况。在红外热像仪的支持下，可以实现对建筑物外墙区域的裂缝检测、空鼓检测、渗漏检测、装饰砖黏结质量检测等，体现出对建筑工程施工质量的维护。

（二）施工方面的发展

建筑工程施工技术在未来将会获得广泛应用。一方面，建筑工程技术将呈现集成化发展特征，即在融合技术下提升工程建设质量；另一方面，也将形成精细化发展格局。尤其

---

① 许兰方.关于建筑工程技术的特点与发展趋势探讨 [J]. 四川水泥，2021（9）：307-308.

在新时代背景下，许多先进技术的拓展与应用，可满足建筑工程的高质量施工需求，由此从细节处为其提供可靠的辅助作用，在提高施工效率基础上，加快建筑工程技术的发展速度。未来建筑领域在施工方面将会研发出相关先进的机械设备，减少人员的使用，降低人力成本。

以土建技术为例，可在打桩、安装钢筋笼工序中应用 BIM 技术、互联网技术，从而增加土建施工精准度，也能促使建筑工程技术逐步朝着精细化方向发展。所以，建筑工程行业在提升施工质量的过程中，理应做好技术融合工作，并积极汲取国内外工程项目中成功的施工经验，提高建筑工程施工的技术水平。此外，在国际建筑领域交流活动日益丰富的背景下，还可打造国际化建筑施工场景。许多国外的建筑物，也可建设于国内，从而在文化交融中，促进中西方文明的有效交流。尤其在焊接技术以及剪力墙技术中，我国建筑行业的技术人员要善于吸收先进经验，获得全新的施工方式，以免遇到施工难题，影响我国建筑工程行业创新的速度。至于施工管理，也可由单纯的人力管理向线上管理模式转变，继而解决以往因人力分散而引发的管理不当等问题。此时可应用微信、QQ 等聊天工具，提高施工人员与管理者的互动效果。

（三）计算机技术的应用

现阶段，信息技术迅速发展，在建筑工程实践中对于计算机技术与相关系统的应用普及程度明显提升，这也是建筑工程领域的主流发展趋势。未来建筑行业将会更多地利用计算机技术进行管理和设计。在当前的实践中，基于计算机的建筑工程技术主要实现以下工作内容：

第一，建筑工程设计工作的信息化建设。以 BIM 系统为例进行说明，在实际的建筑工程设计阶段，相关工作人员可以直接在 BIM 系统的数据库中获取不同构件、材料的信息，减少设计工作的工作量；可以使用三维模型的方式显示出建筑工程设计图，直观性更强，也更容易理解；结合系统中具备的碰撞检测功能，对设计方案的可操作性、科学性展开检查，提升方案的合理性等。同时，在计算机技术的支持下，相关工作人员在建筑工程方案设计阶段还可以实现对建筑空间结构的优化，切实参考建筑结构的力学特点、空间使用情况等完成方案优化，最终形成最优的建筑工程设计方案。

第二，建筑工程施工环境的仿真模拟。以此确定出周边环境对建筑工程产生的影响，并在此基础上完成建筑工程方案的进一步优化。

第三，建筑施工的仿真模拟。通过应用BIM系统，4D仿真施工与5D仿真施工成为现实，人们可以在施工前确定施工过程中时间、造价等一系列因素的变化情况，提前了解施工风险与可能存在的问题，并制订出有针对性的优化方案，在维护建筑工程施工质量与效率的同时，降低施工过程中面对的风险以及减少工程造价。

（四）新能源的发展应用

能源是建筑工程施工过程中较为重要的组成部分，随着环保理念、经济性理念的深化，建筑工程技术也将增加新能源利用率，避免频繁地使用传统能源造成建筑行业出现严重的能源损耗、环境污染等问题。从建筑工程实践经验中可了解：太阳能、风能、潮汐能作为新型能源，也逐渐受到了建筑企业的高度重视。尤其是太阳能发电项目的开发，与以往采用的火力发电方式相比，有利于促进建筑工程行业的绿色发展。因此，应进一步扩大新能源的应用范围。太阳能作为清洁型能源，还可用于供热取暖系统中，尤其在机电安装项目中，可借助太阳能汲取热能，为建筑物提供蓄热供暖服务。这种方式，还可适当地帮助业主节约电能成本，由此达到降耗省本的效果。

此外，对于风能的利用，也是建筑工程能源创新的重要途径。一般在高层住宅建筑建设中，常借助风能获取电能，即电机在风能转换中，为建筑物提供充足的电能，其风速一般可达到每秒 2.7 m。需要其持久供应电能时，要求风速超过每秒 40 m。由于风能具备循环利用价值，故而它的应用具备突出的环保性，这可以很好地推动建筑工程技术的绿色发展，符合我国倡导的环保理念。未来在建筑材料选择、施工环节当中将会最大化地减少对传统能源的使用，通过先进的技术降低对环境的污染。

（五）监管章程的完善

随着科技的不断发展，未来机械智能化的使用将会最大限度地代替人工，无论是施工过程、检查环节还是管理制度，都会更加完善，并且具有一定的逻辑性。大数据的使用更加适合施工现场的章程制作，利用该技术对以往的施工安全问题等方面进行总结和分析，制订出相对人性化的管理方案，最大化地减少施工人员的使用。在监管的过程当中能够用到遥控监控设备、自动报警系统、自动探测设备等，使用相关的逻辑导图进行施工管理，减少管理人员的使用。未来的监管人员的技能要求会更加综合化、专业化，通过设备和技术的逐步完善，未来的建筑工程管理小组人员的使用将会更少，为了提高监管人员的责任意识，可能会由政府的相关部门进行监管。

第二节　建筑工程管理的控制要点与优化

一、建筑工程管理的控制要点

第一，技术控制要点。建筑工程中技术的应用会直接影响工程的整体质量，也决定着事故发生概率的大小。所以，建筑企业要明确技术控制要点，做好技术管理和培训工作。企业可组织全体施工人员进行相关的技术培训，以强化其技术操作和安全意识。建筑企业引导施工人员将理论知识和实际工作相结合，能帮助施工人员积累经验，更好地提升施工技术水平，保证施工质量。

第二，材料控制要点。建筑工程施工需要的各种材料，从进入施工现场到施工结束为止，都属于材料管理范畴。①在施工前，需要做好材料准备工作，包括了解工程进度，满足各类材料需用量和质量要求，了解材料供应方式，和供应部门签订供应合同，做好现场材料平面布置规划等；②在施工中，需要做好组织管理工作，包括合理安排材料进场，做好现场材料验收，履行供应合同，保证施工需要，掌握施工进度变化，及时调整材料配套供应计划以及组织料具的合理使用等。

第三，现场控制要点。建筑工程现场操作容易出现漏洞，稍有不慎就可能为工程质量留下"致命"隐患。为此，管理人员需在现场多"走"、多"看"、多"想"，对解决方法做到心中有数后再去实施。如一个涵洞作业队伍，想好做到哪个程序后才可以开挖下一道涵洞。如果开挖过早，则无法进行基础作业，基础长时间暴露或受到雨水浸泡会直接影响到承载力；开挖过晚，则会影响涵洞施工进度，导致窝工。对此，就需要管理人员来思考解决，把握好恰当的涵洞作业时间。

第四，安全控制要点。建筑工程施工安全会直接促进建设项目的顺利推进，所以，为保证建筑工程施工中的安全，需要建筑企业特别注意安全控制要点，完善安全管理体系，细化安全管理标准。对于施工人员存在的不安全行为，如不按规定佩戴安全帽，未经许可开动、关停、移动机器等，给予相应处罚，以此来规范其安全操作。同时，要定期派监督人员到现场检查、巡视，及时纠正施工人员的错误操作行为，以降低事故发生概率，减少安全隐患。

二、建筑工程管理的优化措施

（一）完善施工技术管理

为保证建筑工程的顺利开展，需要不断健全完善建筑工程技术管理工作。①除了对相关施工人员进行技术培训外，还需构建技术指挥运行系统，配备专业机械设备、设计图纸和使用说明，规范科学流程和标准技术要求，制定有效的施工技术管理制度及岗位责任制度；②做好施工前准备工作，严格开展技术监督工作，成立专门监督小组对施工技术工艺进行监督，实时检查施工节点、过程，以尽早发现漏洞并及时排除；③施工人员要在施工前充分掌握图纸设计施工要求，学习图纸内容并进行施工图纸会审，然后由承包方和分包企业就设计图纸存在的问题进行审核、协商，以确保建筑工程顺利施工。

（二）优化建筑材料管理

材料管理工作优化主要有以下几个方面：

第一，材料存放管理。建筑材料应依照材料的不同性质分类，并将其存放在专门的材料库房中，避免潮湿、雨淋、腐蚀。一个建筑工程要用到的材料较多，同一种材料有诸多规格，如螺纹钢直径就有 8 mm、12 mm、16 mm、20 mm、25 mm 等类型。其他各种水电配件种类也很多，因此需要将各种材料标记清楚，分类存放。

第二，钢材用量控制。对钢筋用量超标的问题，需要项目部加强管理，要求钢筋工严格按照规范施工操作，奖罚分明，同时合理利用钢筋各类技术性能。例如，钢材可在工厂冷拔加工，增加长度、强度。现浇板使用冷轧扭钢筋，强化加工管理，合理配料。施工员审核翻样单或进行翻样时，需严格依照翻样单来制作钢筋。钢筋接头 φ 14 mm 以上钢筋皆可使用焊接接头，不可用冷接接头。

第三，商品混凝土用量控制。对于因为施工班组楼板厚度控制不好造成的浪费，可将楼板混凝土厚度标高在施工前降低 5 ~ 10 mm，这是因为楼板正常沉降高度为 5 ~ 10 mm。

（三）加强现场安全管理

建筑工程施工中现场安全管理需做好合理布局和管控。对施工现场的易燃易爆、有害物品要进行科学管理，根据整体布局平面图来单独存放，同时设置标识。消防、防火器材需满足消防规范需求，危险通道口和关键位置需设置显眼的指示安全牌。生活和办公区需要和施工现场区域保持一定的安全间距，并采取隔离措施，搭设的活动板房不能超过 3 层，并且要统一布局员工住处，避免员工入住厨房、作业区、配电室等危险场所。做好以上现场管理，同时提高施工人员、管理人员的安全意识，才能使建筑工程顺利推进。

（四）实现绿色施工管理

绿色施工对于建筑工程管理来说并非新思维新理念，大部分施工现场在施工中也会注意到降低噪声和控制材料污染等问题。但基于可持续发展思想，在建筑工程中应当将"绿色施工"融入每个环节中，以保证建造过程中对环境、资源的影响降到最小。绿色施工其实是绿色施工技术的综合应用，如市区（距离居民区 1 km 范围内）严禁使用柴油冲击桩机、振动桩机及旋转桩机，禁止敲打导管和钻杆，控制好高噪声污染。同时，施工区域和非施工区域之间要设置标准的分隔设施，做到稳固、连续、美观、整洁。硬质围栏 / 围挡高度需小于 2.5 m。容易产生泥浆的施工，需进行硬化地坪施工，所有土堆、料堆都需加盖防粉尘污染的遮盖物或喷洒专用覆盖剂。

第三节　建筑工程现场施工的科学管理

在建筑工程的现场施工管理过程中，涉及多个环节，在人力资源、物料资源等相关方面，都需要进行科学合理的优化和配置，特别是对相关施工技术要进行严格的把关，充分符合相对应的技术要点，以此确保相关技术呈现出应有的价值和效用。在建筑工程的现场管理环节，要通过相关施工技术的有效落实，取得应有的施工效能，落实各项科学合理的管理方法，这样才能为建筑工程现场管理工作综合效能的体现提供必要的条件。因此，有必要针对建筑工程现场施工技术的管理方法等内容进行剖析和探讨。

一、建筑工程现场施工科学管理的重要性

在建筑工程施工现场技术管理过程中，着重做好施工技术管控工作，确保整体的施工技术得到严格细致的科学管理，有着至关重要的作用和价值，这样才能通过科学可行的管理方法，为完成整体项目的施工管理目标提供必要的条件。在具体的施工技术管理过程中，可以针对相关环节的漏洞或者偏差进行科学合理的分析，通过科学可行的方法，针对不足之处进行充分的改正，确保各项工序能够严格按照相对应的技术规范和流程有序地进行，促进技术进步，构建良好的建筑工程施工管理秩序，以此确保整体工程的施工建设符合既定的标准和规范，从而为整体工程施工质量的提升提供必要的支持。同时，通过科学可行的施工技术管理，确保相对应的技术要点与生产规范进度要求充分达到辩证的统一，以此从根本上提高建筑工程的施工质量。

除此之外，针对施工技术进行更有效的管理，可以提升整体工程施工效率，缩短工期，使建筑工程的施工成本有效降低，同时通过规范的管理和监管，创造出与之相对应的施工管理新技术和新方法，依据有关施工技术指标、法规、政策等相关内容，确保各项施工操作更科学可行，有相对应的规范性和法律保障，进而为工程科学高效地运行提供必要的支持。对于现场施工技术进行科学合理的管理，能够确保施工安全稳定运行，各项工作流程有序推进，进而使建筑工程施工效率进一步提升，减少施工成本，使工程施工方的竞争力进一步增强。另外，也可以把建筑工程施工条件和工程的具体特点进行充分的融合，利用更为先进的施工技术和方法，把施工技术转化为施工现场的推动力，进而为整体工程施工质量的提升奠定基础。

二、建筑工程现场施工科学管理的方法

（1）科学合理地管理好相关施工材料。在建筑工程现场施工技术的管理过程中，确保施工材料能够得到科学合理的管理和严格细致的质量检测以及充分应用是关键所在。在施工现场的施工管理过程中要充分运用多种类型的施工材料，在对其进行管理和控制的过程中要严格把关，从数量、质量、材质、规格等一系列相关方面进行严格的把控，通过严格细致的检测和监管，确保相关材料的质量能够得到显著的提升，以符合设计要求和使用标准，从根本上有效规避施工质量存在的偏差或者不符合质量要求等问题，进而为整体工程质量和正常进度的提升提供必要的条件。

（2）针对安全施工进行科学合理的管理。建筑工程在施工现场管理过程中，着重做好安全管理工作是必要的前提，也是根本任务，在施工现场的施工技术管理过程中，要着重做好安全防火和安全管理人员的培训工作，要成立相对应的安全保护小组，从根本上有效地规避各类安全问题或者安全隐患，有效减少施工过程中可能存在的安全风险，在确保施工现场能够安全稳定推进的基础上，确保所有工程人员都可以安全施工，取得应有的施工效果，把安全管理工作放到首要位置，体现出应有的安全管控能力。

（3）科学合理地管理好施工现场的施工进度等相关情况。工程施工进度对整体工程的综合效益和效能的体现有着决定性的影响，如果在工程施工过程中施工工期延后，极有可能出现不同程度的赔偿问题。所以要及时有效地应对对工程进度造成影响的各类因素，对工程进度计划进行科学合理的安排，严格按照进度计划的要求做好工程的监控工作。与此同时，要和相关单位进行密切的沟通和交流，协调内在的联系，以此确保工程顺利施工，完成相对应的进度计划和要求，并且严格按照现代化的经营管理方法和管理规范进行相对应的操作，体现现代化的管理成效，进而为整体工程取得应有的效能而奠定基础。

（4）制订合理的现场施工组织计划。在施工现场的技术管理工作中，做好施工组织计划，制定出严格细致的现场施工组织流程，这是有效完成相关施工任务的关键。相关设计人员要注重做好现场的勘察和研究工作，并且根据相对应的勘察结果和信息内容做好监测，结合具体的调研结果和招投标的相关内容，绘制和制订出行之有效的施工图纸和组织计划，着重做好现场的严格检测和质量把关，确保施工现场的各类施工情况和组织计划与施工方案的相关内容保持一致，以此确保各类施工组织方案能够按照相应的标准和要求有序完成，对于各个环节的施工计划，以及施工周计划、月计划和相关的施工进度计划都能完成相对应的任务要求，并且保质保量，符合相应的进度计划和工期，特别关注各个环节的施工重点。

（5）从根本上有效提升施工人员的专业技能和综合素质。在施工现场施工技术管控过程中，要想取得更好的施工管理效果，就需要高度重视施工人员的培训和质量把关工作，从根本上提高施工人员的综合素质和专业技能。在施工现场的人员管理过程中，要充分遵循以人为本的基本管理原则，要在岗前进行专业系统的培训，提升施工人员的综合素质，结合实际情况提高施工人员的安全意识和质量意识，对于各类安全隐患或者风险能够保持高度的重视，并且进行行之有效的应对。除此之外，要确保其具备应有的岗位胜任能力，在实际的施工过程中，可以更有效地把握相关施工技术和施工材料的应用方法和应用技能，着重做好相关人员的考核工作，在现场的施工管理中，确立长效的考核机制和培训机制，选出优秀的施工人员作为组长，最大限度激发相关人员的积极性和主动性，使其通过岗位考核和责任机制的有效落实，出色地完成相关工作任务和施工要求。

（6）建立健全更加系统完善的责任落实机制。在施工现场的施工技术管理过程中，注重做好施工管理制度和监管机制的有效完善和落实，要确保责任制度落实在每一个环节，确保相关人员可以严格地按照相对应的责任制度要求完成相关工作任务，在制度的规范和指导作用之下，使整体工程的施工质量和施工效率得到有效提升。与此同时，在监督管理机制方面也要着重加强，确保相关责任制度能够严格落实下去，所有人员都能够明确自身的职责范围和任务要求，并且在监督管理的推进之下，可以进行自我批评和自我完善，及时有效地查漏补缺，以使各项工作取得良好的管理效果，大幅度地提升整体工程的施工质量和施工效能，加快施工进度。

第二章　建筑工程项目组织管理与控制

项目组织是指为了完成某个特定的项目任务而由不同部门、不同专业的人员所组成的一个特别工作组织，它不受现有的职能组织构造的约束，但也不能代替各种职能组织的职能活动。本章探究建筑工程项目的组织管理、建筑工程项目施工成本控制、建筑工程项目施工进度控制。

第一节　建筑工程项目的组织管理

组织是一切管理活动取得成功的基础，项目管理作为一种新型的管理方式，其组织结构与传统的组织观念有相似之处，但是由于项目本身的特性，决定了项目实施过程中其组织管理又有特殊之处。项目管理与传统组织管理的最大区别在于项目管理更强调项目负责人的作用，强调团队的协作精神，其组织形式具有更大的灵活性。

一、建筑工程项目组织的构建

"在建筑项目工程的管理中，组织结构也是一种管理手段，它的目的是实现项目的最终目标。"[①]建筑工程项目组织的构建，首先确定工程项目的项目管理模式，然后确定各参与单位自身采用的项目组织形式，工程项目管理组织的构建步骤如下。

（一）明确工程项目管理模式

根据现阶段我国相关法律法规及工程项目特点，在我国工程项目管理体制的基本框架下，实行工程项目管理模式。现阶段我国工程项目管理体制的基本框架是以工程项目为中心，以经济为纽带，以合同为依据，以项目法人为工程招标发包主体，以设计施工承包商为工程投标承包主体，以建设监理单位为咨询管理主体，相互协作、相互制约的三元主体结构。在此框架下，工程项目管理的模式主要有 CM 管理模式、PMC 管理模式等。

（二）构建工程项目组织

（1）明确项目管理目标。工程项目管理目标取决于项目目标，主要是工期、质量、成本、安全四大目标，工程项目各参与单位的项目管理目标是不同的，建立项目组织时应该明确本组织的项目管理目标。

（2）明确管理工作内容。项目管理工作内容根据管理目标确定，是对项目目标的细化和落实。细化是依据项目的规模、性质、复杂程度以及组织人员的技术业务水平、组织

[①] 丁宇明.建筑工程项目管理组织结构的设计 [J].建材与装饰，2018（52）：72-73.

管理水平等因素进行的。

（3）定岗定职定编。项目组织机构设置的一项重要原则是以事设岗、以岗定人。根据工作划分岗位，根据岗位确定职责，根据职责确定权益；按岗位职务的要求和组织原则，选配合适的管理人员。

（4）确定项目组织结构管理层次和跨度。管理层次和管理跨度是影响项目组织工作的主要因素，应根据项目具体情况确定相互统一、协调一致的管理层次和跨度。

（5）选择项目组织结构形式。项目组织结构形式有多种，不同的组织结构形式适应不同的项目管理的需要：根据项目的性质、规模、建设阶段的不同进行选择，选择过程中应考虑有利于项目目标的实现、有利于决策的执行、有利于信息的沟通。

（6）理顺工作流程和信息流程。合理的工作流程和信息流程是保证项目管理工作科学有序进行的基础，是明确工作岗位考核标准的依据，是严肃工作纪律，使工作人员人尽其责的主要手段。

（7）制定考核标准，定期进行考核。为保证项目目标的最终实现和项目工作内容的完成，必须对各工作岗位制定考核标准，包括考核内容、考试时间、考核形式等，并按照考核标准，规范开展工作，定期进行考核。

二、建筑工程项目组织的共性

建筑工程项目组织是为实现工程目标而建立的项目管理工作的组织系统。它包括项目业主、承包商、供应商等管理主体之间的项目管理模式，以及管理主体针对具体工程项目所建立的内部自身的管理模式。不同的工程项目具有不同的组织特点，但其都具有以下基本共性：

（1）一次性的项目组织。工程项目组织是为了实现项目目标而建立的。因为工程项目是一次性的，所以，项目完成后，项目组织就解散了。

（2）目的性的项目组织。任何组织都有目的性，这样的目的性既是这种组织产生的原因，也是组织形成后使命的体现。例如，为了完成工程建造而形成的施工项目组织，建造标的物就是它的目的。组织的目的性还表现在同级组织成员对目的的共享性，即组织成员共同认可同样的组织目的。

（3）复杂的项目组织。由于参与工程项目的人多，且在项目中任务不同、目标不同，形成了由不同的组织结构形式组成的复杂的组织结构体系。但都是为了完成项目的共同目标，所以，这些组织应该相互适应。同时，工程项目组织还要与本企业的组织形式相互适应，这也增加了项目组织的复杂性。

（4）动态变化性的项目组织。项目在不同的实施阶段，工作内容不同、项目的参与者不同；同一参与者，在项目的不同阶段任务也不同。因此，项目组织随着项目的进展会发生阶段性变化。

（5）专业化分工的项目组织。组织是在分工的基础上形成的，组织中不同的职务或职位需要承担不同的组织任务，将组织进行专业化分工，可以处理不同种类的工作，解决人的生理、心理等有限性特征的矛盾，便于积累经验，提高效率。例如，按职能专业划分的项目组织有施工员、质量员、预算员、安全员、机械员、资料员等。

（6）等级制度分明的项目组织。任何组织都会存在上下级关系，下属有责任执行上级的指示，这一般是绝对的，而上级不可以推卸掉领导下属的工作。如人们一般将组织划分为高层、中层和基层，高层有指挥中层的职权，而中层有指挥基层的职权。

三、建筑工程项目组织的形式

（一）直线式组织形式

直线式组织形式是最早、最简单的一种组织结构形式。直线式组织形式的优点是结构比较简单，权力集中，责任分明，命令统一，联系简捷。一般而言，这种组织结构形式只适用于那些没有必要按职能实行专业化管理的小型组织，或者是现场的作业管理。直线式组织形式比较适合中小型企业。

（二）职能式组织形式

职能式组织是按职能原则建立的项目组织，也称部门控制式项目组织。是当今世界上最为普遍的组织形式，是社会进步和生产力发展专业化分工的结果。采用职能式项目组织形式的企业在进行项目工作时，各职能部门根据项目的需要承担本职能范围内的工作，也就是说，企业主管根据项目任务需要从各职能部门抽调人员及其他资源组成项目实施组织。

在职能式组织形式中，项目团队内除直线主管外，还相应地设立一些组织机构，分担某些职能管理的业务。这些职能机构有权在自己的业务范围内，向下级单位下达命令和指示，因此，下级除了接受上级直线主管的领导外，还必须接受上级各职能机构的领导和指示。

职能式组织的优点具有以下三个方面：

（1）有利于企业的技术水平的提升。由于职能式组织是以职能的相似性来划分部门的，同一部门人员可以交流经验及共同研究，有利于专业人才专心致志地钻研本专业领域理论知识，有利于员工积累经验与提高业务水平。同时这种结构为项目实施提供了强大的技术支持，当项目的推进遇到困难之时，问题所属职能部门可以联合攻关。

（2）资源利用的灵活性与低成本。职能式组织形式项目实施组织中的人员或其他资源仍归职能部门领导，因此职能部门可以根据需要分配所需资源，而当某人从某项目退出或闲置时，部门主管可以安排他到另一个项目中去工作，可以此降低人员及资源的闲置成本。

（3）有利于从整体协调企业活动。由于每个部门或部门主管只能承担项目中本职能范围的责任，并不承担最终成果的责任，然而每个部门主管都直接向企业主管负责，因此要求企业主管从企业全局出发进行协调与控制。因此有学者说这种组织形式"提供了在上层加强控制的手段"。

职能式组织形式主要适用于中小型、产品品种比较单一、生产技术发展变化较慢、外部环境比较稳定的企业。具备以上特性的企业，其经营管理相对简单，部门较少，横向协调的难度小，对适应性的要求较低，因此职能式结构的缺点不突出，而优点却能得到较为充分的发挥。

（三）项目式组织形式

项目式组织形式，是按项目来划分所有资源，既每个项目有完成项目任务所必需的所有资源，每个项目实施组织有明确的项目经理，即每个项目的负责人，对上直接接受企业主管或大项目经理的领导，对下负责本项目资源的运用。每个项目组之间相对独立。

通常，项目式组织形式具有以下几个方面优点：

（1）权力集中。项目经理在项目范围内具有绝对的控制权，决策迅速，指挥方便，命令一致，避免多重领导，有利于提高工作效率。权力的集中使项目组织能够对业主的需求和高层管理的意图做出更快的响应。

（2）以项目为中心，目标明确。项目式组织是基于项目而组建的，项目组成员的中心任务是按合同完成工程项目，目标明确单一，团队精神能得以充分发挥。所需资源也是依据项目划分的，便于协调。

（3）办事效率高，有利于培养一专多能的人才。项目经理从企业抽调或招聘各种专业技术人员并将他们集中在一起，解决问题快，办事效率高，同时在项目管理中可以相互配合、学习、取长补短，有利于培养一专多能的人才，并充分发挥其作用。

（4）结构简单，便于沟通。项目组织从职能部门分离出来，使得沟通变得更为简洁。从结构上来说，项目式组织简单灵活，易于操作。另外，从项目角度讲，项目式组织形式有利于项目进度、成本、质量等方面的控制与协调，而不像职能式组织结构或下文介绍的矩阵式组织形式那样，项目经理要通过职能经理的协调才能达到对项目的控制。

项目式组织形式适用于小型项目、工期要求紧迫的项目或要求多工种多部门密切配合的项目。因此，它对项目经理的能力要求较高，要求项目经理指挥能力强，有快速组织队伍及善于指挥各方人员的能力。

（四）矩阵式组织形式

矩阵式组织形式，是在同一组织机构中，把按职能划分部门和按项目划分部门相结合而产生的一种组织形式，这种组织形式既能最大限度地发挥两种组织形式的优势，又在一定的程度上避免两者的弊端。矩阵式组织形式的特点是将按照职能划分的纵向部门与按照项目划分的横向部门结合起来，以构成类似矩阵的管理系统。矩阵式组织形式适应于多品种、结构工艺复杂、品种变换多样的场合。当很多项目对有限资源的竞争引起对各职能部门的资源的广泛需求时，矩阵管理就是一个有效的组织形式。在矩阵组织中，每个项目经理要直接向最高管理层汇报，并由最高管理层授权。而职能部门则从另一方面来控制，对各种资源做出合理的分配和有效的控制调度。职能部门负责人既要对他们的直线上司负责，也要对项目经理负责。

矩阵式项目组织具有以下几个方面的优点：

（1）矩阵组织具有很大的弹性和适应性，可根据工作需要，集中各种专门的知识和技能，短期内迅速完成任务。

（2）可发挥项目部门的统筹协调及现场密切跟踪的作用。

（3）上一级组织的负责人可以运用组合管理职能，较为灵活地设置上述两种机构之间的分工组合。

矩阵式项目组织适用于同时承担多个项目的企业。大型、复杂的施工项目，需要多部门、多技术、多工种配合施工，在不同施工阶段，对不同人员有着不同的数量和搭配需求，宜采用矩阵式项目组织形式。

第二节　建筑工程项目的施工成本

"建筑工程项目成本控制是指，项目在施工过程中，对生产经营所消耗的人力资源、物质资源和费用开支等进行指导、监督、调节和限制，及时纠正将要发生或已经发生的偏差。"[①]建筑工程项目施工成本由直接成本和间接成本组成。

一、建筑工程施工成本计划

（一）施工成本计划的类别

对于一个工程项目而言，其成本计划的编制是一个不断深化的过程，在这一过程的不同阶段形成深度和作用不同的成本计划。按成本计划的作用可将其分为以下三类：

第一，竞争性成本计划。竞争性成本计划是工程投标及签订合同阶段的估算成本计划。这类成本计划是以招标文件为依据，以投标竞争策略与决策为出发点，按照预测分析，采用估算或概算定额编制而成。这种成本计划虽然也着力考虑降低成本的途径和措施，但总体上来说都较为粗略。

第二，指导性成本计划。指导性成本计划是选派工程项目经理阶段的预算成本计划。这是在进行项目投标过程总结、合同评审、部署项目实施时，以合同标书为依据，以组织经营方针、目标为出发点，按照设计预算标准提出的项目经理的责任成本目标，且一般情

① 李丽秀.建筑工程项目的成本控制 [J].中华建设，2013（7）：116-117.

况下只是确定责任总成本指标。

第三，实施性成本计划。实施性成本计划是指项目施工准备阶段的施工预算成本计划，它是以项目实施方案为依据，以落实项目经理责任目标为出发点，采用组织施工定额并通过施工预算的编制而形成的成本计划。

以上三类成本计划的互相衔接和不断深化，构成了整个工程施工成本的计划过程。其中，竞争性成本计划带有成本战略的性质，是项目投标阶段商务标书的基础，而有竞争力的商务标书又是以其先进合理的技术标书为支撑的。因此，它奠定了施工成本的基本框架和水平。指导性成本计划和实施性成本计划，都是竞争性成本计划的进一步展开和深化，是对竞争性成本计划的战术安排。

（二）施工成本计划的编制

1.施工成本计划的编制依据

施工成本计划是工程项目成本控制的一个重要环节，是实现降低施工成本任务的指导性文件。如果针对工程项目所编制的成本计划达不到目标成本要求，就必须组织工程项目管理班子的有关人员重新寻找降低成本的途径，重新进行编制。同时，编制成本计划的过程也是动员全体工程项目管理人员的过程，是挖掘降低成本潜力的过程，是检验施工技术质量管理、工期管理、物资消耗和劳动力消耗管理等是否落实的过程。

编制施工成本计划，需要广泛收集相关资料并进行整理，作为施工成本计划编制的依据。在此基础上，根据有关设计文件、工程承包合同、施工组织设计、施工成本预测等资料，按照工程项目应投入的生产要素，结合各种因素的变化和模拟采取的各种措施，估算工程项目生产费用支出的总水平，进而提出工程项目的成本计划控制指标，确定目标总成本。目标总成本确定后，应将总目标分解落实到各个机构、班组及便于进行控制的子项目或工序。最后，通过综合平衡，编制成施工成本计划。

施工成本计划的编制依据包括：投标报价文件；企业定额、施工预算；施工组织设计或施工方案；人工、材料、机械台班的市场价；企业颁布的材料指导价、企业内部机械台班价格、劳动力内部挂牌价格；周转设备内部租赁价格、摊销损耗标准；已签订的工程合同、分包合同（或估价书）；结构件外加工计划和合同；有关财务成本核算制度和财务历史资料；施工成本预测资料；拟采取的降低施工成本的措施以及其他相关资料等方面。

2.施工成本计划的编制方式

施工成本计划的编制以成本预测为基础，关键是确定目标成本。施工成本计划的制订，需结合施工组织设计的编制过程，通过不断优化施工技术方案和合理配置生产要素，进行工、料、机消耗的分析，制定一系列节约成本的措施，确定施工成本计划。一般情况下，施工成本计划总额应控制在目标成本的范围内，并使成本计划建立在切实可行的基础上。

施工总成本目标确定之后，还需通过编制详细的实施性施工成本计划把目标成本层层分解，落实到施工过程的每个环节，有效地进行成本控制。施工成本计划的编制方式如下：

（1）按施工成本组成编制施工成本计划。施工成本可以按成本组成划分为人工费、材料费、施工机械使用费、措施费和间接费，编制施工成本计划时可按施工成本组成进行。

（2）按项目组成编制施工成本计划。大中型工程项目通常是由若干单项工程构成的，而每个单项工程包括了多个单位工程，每个单位工程又是由若干个分部、分项工程所构成。因此，首先要把项目的施工成本分解到单项工程和单位工程中，再进一步分解到分部工程和分项工程。在编制成本计划时，要在项目总的方面考虑总的预备费，也要在主要的分部、分项工程中安排适当的不可预见费。

（3）按工程进度编制施工成本计划。在建立网络图时，一方面应确定完成各项工作所需花费的时间，另一方面应同时确定完成这一工作的合适的施工成本支出计划。通常，如果项目分解程度对时间控制合适的话，则对施工成本计划可能分解过细，以至不可能对每项工作确定其施工成本计划；反之亦然。因此在编制网络计划时，应在充分考虑进度控制对项目划分要求的同时，还要考虑确定施工成本计划对项目划分的要求，做到两者兼顾。

二、建筑工程施工成本控制

（一）建筑工程施工成本控制的依据

建筑工程施工成本控制的主要依据有以下几个方面：

（1）工程承包合同。施工成本控制要以工程承包合同为依据，围绕降低工程成本这个目标，从预算收入和实际成本两方面，努力挖掘增收节支潜力，以求获得最大的经济效益。

（2）施工成本计划。施工成本计划是根据工程项目的具体情况制订的施工成本控制方案，既包括预定的具体成本控制目标，又包括实现控制目标的措施和规划，是控制施工成本的指导性文件。

（3）进度报告。进度报告提供了每一时刻的工程实际完成量、工程施工成本实际支付情况等重要信息。施工成本控制工作正是通过实际情况与施工成本计划的比较，找出两者之间的差别，分析偏差产生的原因，从而采取措施进行改进的工作。此外，进度报告还有助于管理者及时发现工程实施中存在的问题，并在事态还未造成重大损失之前采取有效措施，尽量避免损失。

（4）工程变更。在项目的实施过程中，由于各方面的原因，工程变更是很难避免的。工程变更一般包括设计变更、进度计划变更、施工条件变更、技术规范与标准变更、施工次序变更、工程数量变更等。一旦出现变更，工程量、工期、成本都必将发生变化，从而使得施工成本控制工作变得更加复杂和困难。因此，施工成本管理人员应当通过对变更要求中的各类数据进行计算、分析，随时掌握变更的情况，包括已发生工程量、将要发生工程量、工期是否拖延、支付情况等重要信息，判断变更以及变更可能带来的索赔额度等。

除了上述施工成本控制工作的主要依据以外，施工组织设计、分包合同等也都是施工成本控制的依据。

（二）建筑工程施工成本控制的步骤

（1）比较。按照某种确定的方式将施工成本的计划值和实际值逐项进行比较，以便发现施工成本是否超支。

（2）分析。在比较的基础上，对比较的结果进行分析，以确定偏差的严重性及偏差产生的原因。这一步是施工成本控制工作的核心，其主要目的在于找出产生偏差的原因，从而采取有针对性的措施，避免或减少相同原因的偏差再次发生或减少由此造成的损失。

（3）预测。根据项目实施情况估算整个项目完成时的施工成本。预测的目的在于为决策提供支持。

（4）纠偏。当工程项目的实际施工成本出现了偏差，应当根据工程的具体情况、偏差分析和预测的结果，采用适当的措施，以期达到使施工成本偏差尽可能小的目的。纠偏是施工成本控制中最具实质性的一步。只有通过纠偏，才能最终达到有效控制施工成本的目的。

（5）检查。检查是指对工程的进展进行跟踪和检查，及时了解工程进展状况以及纠偏措施的执行情况和效果，为今后的工作积累经验。

三、建筑工程施工成本分析

（一）建筑工程施工成本分析的依据

一方面，建筑工程施工成本分析，就是根据会计核算、业务核算和统计核算提供的资料，对施工成本的形成过程和影响成本升降的因素进行分析，以寻求进一步降低成本的途径；另一方面，通过对项目成本的分析，可从账簿、报表反映的成本现象看清成本的实质，从而增强项目成本的透明度和可控性，为加强成本控制进而实现项目成本目标创造条件。

1. 会计核算

会计核算主要是价值核算。会计核算是对一定单位的经济业务进行计量、记录、分析和检查，做出预测、参与决策、实行监督，旨在实现最优经济效益的一种管理活动。它通过设置账户、复式记账、填制和审核凭证、登记账簿、成本计算、财产清查和编制会计报表等有组织、有系统的方法，来记录企业的一切生产经营活动，然后提出一些用货币来反映的有关各项综合性经济指标的数据。由于会计记录具有连续性、系统性、综合性等特点，所以它是施工成本分析的重要依据。

2.业务核算

业务核算是各业务部门根据业务工作的需要而建立的核算制度，它包括原始记录和计算登记表，如单位工程及分部、分项工程进度登记，质量登记，工效、定额计算登记，物资消耗定额记录，测试记录等。业务核算的范围比会计、统计核算要广，会计和统计核算一般是对已经发生的经济活动进行核算，而业务核算，不但可以对已经发生的，而且还可以对尚未发生或正在发生的经济活动进行核算，看是否可以做，是否有经济效益。业务核算的特点是，对个别的经济业务进行单项核算，如各种技术措施、新工艺等项目，可以核算已经完成的项目是否达到原定的目的，取得预期的效果，也可以对准备采取措施的项目进行核算和审查，看是否有效果，值不值得采纳。业务核算的目的，在于迅速取得资料，在经济活动中及时采取措施进行调整。

3.统计核算

统计核算是利用会计核算资料和业务核算资料，把企业生产经营活动中客观现状的大量数据，按统计方法加以系统整理，表明其规律性，它的计量尺度比会计核算宽，可以用货币计量，也可以用实物或劳动量计量。统计核算通过全面调查和抽样调查等特有的方法，不仅能提供绝对数指标，还能提供相对数和平均数指标，可以计算当前的工程实际水平，确定变动速度，预测发展的趋势。

（二）建筑工程施工成本分析的方法

1.比较法

比较法又称"指标对比分析法"，就是通过技术经济指标的对比，检查目标的完成情况，分析产生差异的原因，进而挖掘内部潜力的方法。这种方法，具有通俗易懂、简单易行、便于掌握的特点，因而得到了广泛的应用，但在应用时必须注意各技术经济指标的可比性。比较法的应用，通常有下列三种形式：

（1）将实际指标与目标指标对比，以此检查目标的完成情况，分析影响目标完成的积极因素和消极因素，以便及时采取措施，保证成本目标的实现。在进行实际指标与目标指标对比时，还应注意目标本身有无问题。如果目标本身出现问题，则应调整目标，重新正确评价实际工作的成绩。

（2）本期实际指标与上期实际指标对比。通过这种对比，可以看出各项技术经济指标的变动情况、施工管理水平的提高程度。

（3）与本行业平均水平、先进水平对比。这种对比可以反映出本项目的技术管理和经济管理水平与行业的平均水平和先进水平的差距，进而采取措施赶超先进水平。

2. 比率法

比率法是指用两个以上的指标的比例进行分析的方法，它的基本特点是：先把对比分析的数值变成相对数，再观察其相互之间的关系。常用的比率法有以下几种：

（1）相关比率法。由于项目经济活动的各个方面是相互联系、相互依存、相互影响的，因而可以将两个性质不同而又相关联的指标加以对比，求出比率，并以此来考察经营成果的好坏。例如，产值和工资是两个不同的概念，但他们的关系又是投入与产出的关系。在一般情况下，都希望以最少的工资支出完成最大的产值。因此，用产值工资率指标来考核人工费的支出水平，就很能说明问题。

（2）构成比率法。构成比率法又称为"比重分析法"或"结构对比分析法"。通过构成比率，可以考察成本总量的构成情况及各成本项目占成本总量的比重，同时也可看出量、本、利的比例关系（即预算成本、实际成本和降低成本的比例关系），从而为寻求降低成本的途径指明方向。

（3）动态比率法。动态比率法，就是将同类指标不同时期的数值进行对比，求出比率，以分析该项指标的发展方向和发展速度。动态比率的计算，通常采用基期指数和环比指数两种方法。

3. 因素分析法

因素分析法又称"连环置换法"，此方法可用来分析各种因素对成本的影响程度。在进行分析时，首先要假定众多因素中的一个因素发生了变化，而其他因素则不变，然后逐个替换，分别比较其计算结果，以确定各个因素的变化对成本的影响程度。因素分析法的计算步骤如下：

（1）确定分析对象，并计算出实际数与目标数的差异。

（2）确定该指标是由哪几个因素组成，并按其相互关系进行排序（排序规则是：先实物量，后价值量；先绝对值，后相对值）。

（3）以目标数为基础，将各因素的目标数相乘，作为分析替代的基数。

（4）将各个因素的实际数按照上面的排列顺序进行替换计算，并将替换后的实际数保留下来。

（5）将每次替换计算所得的结果，与前一次的计算结果相比较，两者的差异即为该因素对成本的影响程度。

（6）各个因素的影响程度之和，应与分析对象的总差异相等。

第三节　建筑工程项目施工进度控制

建筑工程项目进度控制是根据建筑工程项目的进度目标，编制经济合理的项目进度计划，并据此检查工程项目进度计划的执行情况，若发现实际执行情况与计划进度不一致时，应及时分析原因，并采取必要的措施对原工程进度计划进行调整或修正的过程。

建筑工程项目进度控制是一个动态、循环、复杂的过程，也是一项效益显著的工作，它包括对项目进度目标的分析和论证，在收集资料和调查研究的基础上编制进度计划，跟踪检查和调整进度计划。

一、建筑工程项目进度控制的管理目标

建筑工程项目进度管理目标的制定应在项目分解的基础上确定。其包括项目进度总目标和分阶段目标，也可根据需要确定年、季、月、旬（周）目标，里程碑事件目标等。里程碑事件目标是指关键工作的开始时刻或完成时刻。

在确定施工进度管理目标时，必须全面细致地分析与建筑工程项目进度有关的各种有利因素和不利因素，只有这样才能制定出一个科学、合理的进度管理目标。确定施工进度管理目标的主要依据有：①工程总进度目标对施工工期的要求；②工期定额、类似工程项目的实际进度；③工程难易程度和工程条件的落实情况等。在确定施工进度管理目标时，还要考虑以下几个方面：

（1）对于大型建筑工程项目，应根据尽早提供可动用单元的原则，集中力量分期分批建设，以便尽早投入使用，尽快发挥投资效益。这时，为保证每一动用单元能形成完整的生产能力，就要考虑这些动用单元交付使用时所必需的全部配套项目。因此，要处理好前期动用和后期建设的关系、每期工程中主体工程与辅助及附属工程之间的关系等。

（2）结合本工程的特点，参考同类建筑工程的经验来确定施工进度目标，避免只按主观愿望盲目确定进度目标，从而在实施过程中造成进度失控。

（3）合理安排土建与设备的综合施工。按照它们各自的特点，合理安排土建施工与设备基础、设备安装的先后顺序及搭接、交叉或平行作业，明确设备工程对土建工程的要求和土建工程为设备工程提供施工条件的内容及时间。

（4）做好资金供应能力、施工力量配备、物资（包括材料、构配件、设备等）供应能力与施工进度的平衡工作，确保工程进度目标的要求，从而避免工程进度目标落空。

（5）考虑外部协作条件的配合情况，包括施工过程中及项目竣工动用所需的水、电、气、通信、道路及其他社会服务项目的满足程度和满足时间。这些必须与有关项目的进度目标相协调。

（6）考虑工程项目所在地区地形、地质、水文、气象等方面的限制条件。

二、建筑工程项目进度控制的基本原理

（1）动态控制原理。工程项目进度控制是一个不断变化的动态过程。在项目开始阶段，实际进度应按照计划进度的规划进行，但由于外界因素的影响，实际进度的执行往往会与计划进度出现偏差，即产生超前或滞后的现象。这时通过分析偏差产生的原因，采取相应的改进措施，调整原来的计划，使二者在新的起点上重合，并通过发挥组织管理作用，使实际进度继续按照计划进行。在一段时间后，实际进度和计划进度又会出现新的偏差。如此，工程项目进度控制出现了一个动态的调整过程，这就是动态控制的原理。

（2）封闭循环原理。建筑工程项目进度控制的全过程是一个计划、实施、检查、比较分析、确定调整措施、再计划的封闭循环过程。

（3）弹性原理。建筑工程项目的进度计划工期长，影响因素多，因此进度计划的编制就会留有空余时间，使计划进度具有弹性。进行进度控制时就应利用这些弹性时间，缩短有关工作的时间，或改变工作之间的衔接关系，使计划进度和实际进度相吻合。

（4）信息反馈原理。信息反馈是建筑工程项目进度控制的重要环节，施工的实际进度通过信息反馈给基层进度控制工作人员，在分工的职责范围内，信息经过加工逐级反馈给上级主管部门，最后到达主控制室，主控制室整理统计各方面的信息，经过比较分析做出决策，调整进度计划。进度控制不断调整的过程实际上就是信息不断反馈的过程。

（5）系统原理。工程项目是一个大系统，其进度控制也是一个大系统。进度控制中计划进度的编制受到许多因素的影响，不能只考虑某一个因素或某几个因素。进度控制组织和进度实施组织也具有系统性。因此，建筑工程项目进度控制具有系统性，应该综合考虑各种因素的影响。

（6）网络计划技术的原理。网络计划技术的原理是工程进度控制的计划管理和分析计算的理论基础。在进度控制中既要利用网络计划技术原理编制进度计划，根据实际进度信息比较和分析进度计划，又要利用网络计划的工期优化、工期与成本优化和资源优化的理论技术调整计划。

三、建筑工程项目进度控制的主要目的

建筑工程项目进度控制的目的是通过控制以实现工程的进度目标。通过进度计划控制，可以有效保证进度计划的落实与执行，减少各单位和部门之间的相互干扰，确保工程项目的工期目标以及质量、成本目标的实现；同时也为可能出现的施工索赔提供依据。

施工方是工程实施的一个重要参与方，许许多多的工程项目，特别是大型重点建筑工程项目，工期要求十分紧迫，施工方的工程进度压力非常大。施工方一天两班制施工，甚至 24 小时连续施工时有发生。如果施工方盲目赶工，难免会产生施工质量问题和施工安全问题，并且会引起施工成本的增加。因此，建筑工程项目进度控制不仅关系到施工进度目标能否实现，还直接关系到工程的质量和成本。在工程施工实践中，必须树立和坚持一

个最基本的工程管理原则，即在确保工程质量的前提下，控制工程的进度。为了有效地控制施工进度，尽可能摆脱因进度压力而造成工程组织的被动，施工方的有关管理人员应深刻理解以下几个方面：

第一，整个建筑工程项目的进度目标确定。

第二，影响整个建筑工程项目进度目标实现的主要因素。

第三，如何正确处理工程进度和工程质量的关系。

第四，施工方在整个建筑工程项目进度目标实践中的地位和作用。

第五，影响施工进度目标实现的主要因素。

第六，建筑工程项目进度控制的基本理论、方法、措施和手段等。

四、建筑工程项目进度控制的重要任务

工程项目进度管理是项目施工中的重点控制之一，它是保证工程项目按期完成，合理安排资源供应、节约工程成本的重要措施。建筑工程项目不同的参与方都有各自的进度控制的任务，但都应该围绕着投资者能早日发挥投资效益的总目标去展开。以下为工程项目不同参与方的进度管理任务和涉及的相应时段：

第一，业主方。业主方控制整个项目实施阶段的进度。其涉及的时段为设计准备阶段、设计阶段、施工阶段、物资采购阶段、动工前准备阶段。

第二，设计方。设计方依据设计任务委托合同控制设计进度，满足施工、招投标、物资采购进度协调的要求，其涉及的时段为设计阶段。

第三，施工方。施工方依据施工任务委托合同控制施工进度，其涉及的时段为施工阶段。

第四，供货方。供货方依据供货合同控制供货进度，其涉及的时段为物资采购阶段。

五、建筑工程项目进度控制的关键措施

（一）管理措施

建筑工程项目进度控制的管理措施涉及管理的思想、管理的方法、管理的手段、承发包模式、合同管理和风险管理等。在理顺组织的前提下，科学和严谨的管理将显得十分重要。

建筑工程项目的施工进度计划采取相应的管理措施时必须注意以下问题：

（1）建筑工程项目进度控制在管理观念方面存在的主要问题包括：①缺乏进度计划系统的观念，分别编制各种独立而互不联系的计划，形成不了系统的计划；②缺乏动态控制的观念，只重视计划的编制，而不重视及时地进行计划的动态调整；③缺乏进度计划多方案比较和选优的观念。合理的进度计划应体现资源的合理使用、工作面的合理安排，合理的进度计划有利于提高建设质量、有利于文明施工、有利于合理地缩短建设周期。因此，对于工程项目进度控制必须有科学的管理思想。

（2）用工程网络计划的方法编制进度计划必须很严谨地分析和考虑工作之间的逻辑

关系，通过工程网络的计算可发现关键工作和关键路线，也可知道非关键工作可利用的时差，工程网络计划的方法有利于实现进度控制的科学化，是一种科学的管理方法。

（3）重视信息技术（包括相应的软件、局域网、互联网以及数据处理设备等）在进度控制中的应用。虽然信息技术对进度控制而言只是一种管理手段，但它的应用有利于提高进度信息处理的效率、有利于提高进度信息的透明度、有利于促进进度信息的交流和项目各参与方的协同工作。

（4）承发包模式的选择直接关系到建筑工程项目实施的组织和协调。为了实现进度目标，应选择合理的合同结构，以避免过多的合同交界面而影响工程的进展。

（5）加强合同管理和索赔管理，协调合同工期与进度计划的关系，保证合同中进度目标的实现；同时严格控制合同变更，尽量减少由于合同变更而引起的工程拖延。

（6）为实现进度目标，不但应进行进度控制，还应注意分析影响建筑工程项目进度的风险，并在分析的基础上采取风险管理措施，以减少进度失控的风险量。常见的影响建筑工程项目进度的风险有组织风险、管理风险、合同风险、资源（人力、物力和财力）风险及技术风险等。

（二）组织措施

建筑工程项目进度控制的组织措施包括以下内容：

（1）系统的目标决定了系统的组织，组织是目标能否实现的决定性因素，因此首先建立建筑工程项目的进度控制目标体系。

（2）充分重视和健全项目管理的组织体系，在项目组织结构中应有专门的工作部门和具备进度控制岗位资格的专人负责进度控制工作。进度控制的主要工作环节包括进度目标的分析和论证、编制进度计划、定期跟踪进度计划的执行情况、采取纠偏措施，以及调整进度计划等，这些工作任务和相应的管理职能应在项目管理组织设计的任务分工表和管理职能分工表中标示出来，并落实这些工作。

（3）建立进度报告、进度信息沟通网络、进度计划审核、进度计划实施中的检查分析、图纸审查、工程变更和设计变更管理等制度。

（4）应编制项目进度控制的工作流程，如确定项目进度计划系统的组成，确定各类进度计划的编制程序、审批程序和计划调整程序等。

（5）进度控制工作包含了大量的组织和协调工作，而会议是组织和协调的重要手段，建立进度协调会议制度，应进行有关进度控制会议的组织设计，以明确会议的类型，各类会议的主持人及参加单位和人员，各类会议的召开时间、地点，各类会议文件的整理、分发和确认等。

（三）经济措施

建筑工程项目进度计划控制的经济措施包括以下内容：

（1）为确保建筑工程项目进度目标的实现，应编制与进度计划相适应的资源需求计划（资源进度计划），包括资金需求计划和其他资源（人力和物力资源）需求计划，以反映工程实施的各时段所需要的资源。通过资源需求的分析，可发现所编制的进度计划实现的可能性，若资源条件不具备，则应调整进度计划，同时考虑可能的资金总供应量、资金来源（自有资金和外来资金）以及资金供应的时间。

（2）及时办理建筑工程项目的预付款及建筑工程项目的进度款支付手续。

（3）在工程预算中应考虑加快工程进度所需要的资金，其中包括为实现进度目标将要采取的经济激励措施所需要的费用，如对应急赶工给予优厚的赶工费用及对工期提前给予奖励等。

（4）对建筑工程项目的延误收取误期损失赔偿金。

（四）技术措施

建筑工程项目进度控制的技术措施包括以下内容：

（1）分析不同的设计理念、设计技术路线、设计方案会对工程进度产生何种影响。在设计工作的前期，特别是在设计方案评审和选用时，应对设计技术与工程进度的关系做分析比较。

（2）采用技术先进和经济合理的施工方案，改进施工工艺和施工技术、施工方法，选用更先进的施工机械。

第三章　建筑工程招投标与合同管理

随着我国造价理论的进一步完善和发展，建设工程实行招投标，是我国建设管理体制改革的一项重要内容，是市场经济发展的必然产物，也是与国际接轨的需要。同时，合同是市场经济发展的必然产物，加强对合同的严格管理已经是工程建设行业目标管理的一个重要内容。本章探究建筑工程招标及其编制、建筑工程投标及报价管理、建筑工程合同管理与工程索赔。

第一节　建筑工程招标及其编制

一、建筑工程招标的类别划分

"近年来，随着人们的生活质量不断提高，人们对建筑工程也提出了新的要求。"[①]建筑工程招标是指招标人在发包建设项目之前，公开招标或邀请投标人，根据招标人的意图和要求提出报价，择日当场开标，以便从中择优选定中标人的一种经济活动。建筑工程项目招标多种多样，按照不同的标准可以进行不同的分类。

（一）依据工程建设程序划分

1. 前期咨询招标

前期咨询招标是指对建设项目的可行性研究任务进行的招标。投标方一般为工程咨询企业，中标的承包人要根据招标文件的要求，向发包方提供拟建工程的可行性研究报告，并对其结论的准确性负责。承包人提供的可行性研究报告，应获得发包方的认可。认可的方式通常为专家组评估鉴定。

项目投资者有的缺乏建设管理经验，通过招标选择项目咨询者及建设管理者，即工程投资方在缺乏工程实施管理经验时，通过招标方式选择具有专业管理经验的工程咨询单位，为其制订科学、合理的投资开发建设方案，并组织控制方案的实施。

2. 勘察设计招标

勘察设计招标是指根据批准的可行性研究报告，择优选择勘察设计单位的招标。勘察和设计是两种不同性质的工作，可由勘察单位和设计单位分别完成。勘察单位最终提出关于施工现场的地理位置、地形、地貌、地质、水文等在内的勘察报告。设计单位最终提供

---

① 钱茜茜.建设工程招标阶段的工程造价管理 [J].房地产世界，2021（22）：71-73.

设计图纸和成本预算结果。设计招标还可以进一步分为建筑方案设计招标、施工图设计招标。当施工图设计不是由专业的设计单位承担，而是由施工单位承担时，一般不进行单独招标。

3. 材料设备采购招标

材料设备采购招标是指在工程项目初步设计完成后，对建设项目所需的建筑材料和设备（如电梯、供配电系统、空调系统等）的采购任务进行的招标。投标方通常为材料供应商、成套设备供应商。

4. 工程施工招标

工程施工招标是指在工程项目的初步设计或施工图设计完成后，用招标的方式选择施工单位的招标。施工单位最终向发包人交付按招标设计文件规定的建筑产品。国内外招投标现行做法中，经常将工程建设程序中各个阶段合为一体进行全过程招标。

（二）依据工程项目承包的范围划分

依据工程项目承包的范围划分，建筑工程招标可分为项目全过程总承包招标、工程分承包招标及专项工程承包招标。

（1）项目全过程总承包招标，即选择项目全过程总承包人招标，这又可分为两种类型：一是指工程项目实施阶段的全过程招标；二是指工程项目建设全过程的招标。前者是在设计任务书完成后，从项目勘察、设计到施工交付使用进行一次性招标；后者则是从项目的可行性研究到交付使用进行一次性招标，业主只需提供项目投资和使用要求及竣工、交付使用期限，其可行性研究、勘察设计、材料和设备采购、土建施工设备安装及调试、生产准备和试运行、交付使用等，均由一个总承包人负责承包，即所谓"交钥匙工程"。承揽"交钥匙工程"的承包人被称为总承包人，绝大多数情况外，总承包人要将工程部分阶段的实施任务分包出去。无论是项目实施的全过程还是某一阶段或程序，按照工程建设项目的构成，可以将建筑工程招标分为：①全部工程招标是指对一个工程建设项目（如一所学校）的全部工程进行的招标；②单项工程招标是指对一个工程建设项目中所包含的单项工程（如一所学校的教学楼、图书馆、食堂等）进行招标；③单位工程招标是指对一个单项工程所包含的若干单位工程（实验楼的土建工程）进行招标；④分部工程招标是指对一项单位工程包含的分部工程（如土石方工程、深基坑工程、楼地面工程、装饰工程等）进行招标。

（2）工程分承包招标。工程分承包招标是指中标的工程总承包人作为其中标范围内工程任务的招标人，将其中标范围内的工程任务，通过招标的方式，分包给具有相应资质的分承包人，中标的分承包人只对招标的总承包人负责。

（3）专项工程承包招标。专项工程承包招标是指在工程承包招标中，对其中某项比较复杂或专业性强、施工和制作要求特殊的单项工程进行单独招标。

（三）依据工程发承包模式划分

随着建筑市场运作模式与国际接轨进程的深入，我国发承包模式也逐渐呈现多样化，主要如下：

第一，工程咨询招标。工程咨询招标是指以工程咨询服务为对象的招标行为。工程咨询服务的内容主要包括工程立项决策阶段的规划研究、项目选定与决策；建设准备阶段的工程设计、工程招标；施工阶段的监理、竣工验收等工作。

第二，交钥匙工程招标。交钥匙模式即承包人向发包人提供包括融资、设计、施工、设备采购、安装和调试直至竣工移交的全套服务。交钥匙工程招标是指发包人将上述全部工作作为一个标的招标，承包人通常将部分阶段的工程分包，即全过程招标。

第三，工程设计施工招标模式。设计施工招标是指将设计及施工作为一个整体标的以招标的方式进行发包，投标人必须为同时具有设计能力和施工能力的承包人。我国由于长期采取设计与施工分开的管理体制，目前具备设计、施工双重能力的施工企业为数较少。

设计建造模式是一种项目组管理方式，业主和设计建造承包人密切合作，完成项目的规划、设计、成本控制、进度安排等工作，甚至负责项目融资。使用一个承包人对整个项目负责，避免了设计和施工的矛盾，可显著减少项目的成本和工期。同时，在选定承包人时，把设计方案的优劣作为主要的评标因素，可保证业主得到高质量的工程项目。

第四，设计—管理招标模式。工程设计管理招标模式是指由同一实体向发包人提供设计和施工管理服务的工程管理模式。采用这种模式时，业主只签订一份既包括设计又包括工程管理服务的合同，且设计机构与管理机构是同一实体。这一实体常常是设计机构施工管理企业的联合体。设计—管理招标即以设计管理为标的进行的工程招标。

第五，BOT工程招标模式。BOT（build operate transfer）工程招标模式，即建造—运营—移交模式。这是指招标国开放本国基础设施建设和运营市场，吸收国外资金，授予项目公司以特许权，由该公司负责融资和组织建设，建成后负责运营及偿还贷款，并在特许期满时将工程移交给招标国的模式。BOT工程招标即是对这些工程环节的招标。

二、建筑工程招标的基本方式

工程项目招标的方式在国际上通行的有公开招标、邀请招标和议标，但《招标投标法》未将议标作为法定的招标方式，即法律所规定的强制招标项目不允许采用议标方式。

（一）公开招标

公开招标又称无限竞争招标，是由招标单位通过报刊、广播、电视等方式发布招标广告，有投资意向的承包人均可参加投标资格审查，审查合格的承包人可购买或领取招标文件，参加投标的招标方式。

公开招标方式的优点是投标的承包人多、竞争范围大，业主有较大的选择余地，有利于降低工程造价，提高工程质量和缩短工期；其缺点是由于投标的承包人较多，招标工作量大，组织工作复杂，需投入较多的人力、物力，招标过程所需时间较长，因而此类招标方式主要适用于投资额度大，工艺、结构复杂的较大型工程建设项目。公开招标的特点一般表现在以下几个方面：

（1）公开招标是最具有竞争性的招标方式。参与竞争的投标人数量较多，只要符合相应的资质条件便不受限制，只要承包人愿意便可参加投标，在实际生活中，常常少则十几家，多则几十家，甚至上百家，因而竞争程度最为激烈。它可以最大限度地为一切有实力的承包人提供一个平等竞争的机会，招标人也有最大容量的选择范围，可在为数众多的投票人之间选择一个报价合理、工期较短且信誉较好的承包人。

（2）公开招标是程序最完整、最规范、最典型的招标方式。它的形式严密，步骤完整，运作环节环环入扣。公开招标是适用范围最为广阔、最有发展前景的招标方式。在国际上，谈到招标通常就是指公开招标。在某种程度上，公开招标已成为招标的代名词，因为公开招标是工程招标通常适用的方式。在我国，凡属招标范围的工程项目，一般首先要采用公开招标的方式。

（3）公开招标也是所需费用最高、花费时间最长的招标方式。其竞争激烈、程序复杂，组织招标和参加投标需要做的准备工作和需要处理的实际事务都比较多，特别是编制、审查有关招标文件的工作量十分繁重。

综上所述，不难看出，公开招标有利有弊，但优点十分明显。

（二）邀请招标

邀请招标又称为有限竞争性招标。这种方式不发布广告，发包人根据自己的经验和所掌握的各种信息资料，向有承担该项工程施工能力的3个以上（含3个）承包人发出投标邀请书，收到邀请书的单位有权利选择是否参加投标。邀请招标与公开招标一样都必须按规定的招标程序进行，要制定统一的招标文件，投标人都必须按招标文件的规定进行投标。

邀请招标方式的优点是参加竞争的投标商数目可由招标单位控制，目标集中，招标的组织工作较容易，工作量比较小；其缺点是由于参加的投标单位相对较少，竞争性范围较小，使招标单位对投标单位的选择余地较少，如果招标单位在选择被邀请的承包人前所掌握信息资料不足，则会失去找到最适合承担该项目承包人的机会。

邀请招标和公开招标是有区别的，主要区别如下：

（1）邀请招标的程序比公开招标简化，如无招标公告及投标人资格审查的环节。

（2）邀请招标在竞争程度上不如公开招标强。邀请招标参加人数是经过选择限定的，被邀请的承包人数目在3~10个，不能少于3个，也不宜多于10个。由于参加人数相对较少，易于控制，因此其竞争范围没有公开招标大，竞争程度也明显不如公开招标强。

（3）邀请招标在时间和费用上都比公开招标节省。邀请招标可以省去发布招标公告费用、资格审查费用和可能发生的更多的评标费用。

三、建筑工程施工招标的一般程序

建筑工程施工招标程序主要是指招标工作在时间和空间上应遵循的先后顺序，从招标人的角度看，建筑工程项目施工招标的一般程序主要有以下几个：

（1）建筑工程项目报建。建筑工程项目的立项批准文件或年度投资计划下达后，按照有关规定，需向建设行政主管部门的招标投标行政监管机关报建备案，备案后具备招标条件的建筑工程项目，即可开始办理招标事宜。凡未报建的工程项目，不得办理招标手续和发放施工许可证。报建的主要内容包括工程名称、建设地点、投资规模、资金来源、当年投资额、工程规模、发包方式、计划开竣工时间和工程筹建情况等。

（2）审查招标人招标资质。组织招标有两种情况，招标人自己组织招标或委托招标代理机构代理招标。建设行政主管部门应审查招标人是否具备招标条件，不具备有关条件的应委托具有相应资质的中介机构代理招标。

（3）招标申请。

1）当招标人自己组织招标或委托招标代理机构代理招标后，应向招标投标管理机构申报招标申请书，填写建筑工程招标申请表，经批准后才可以进行招标。申请表的主要内容包括工程名称、建设地点、结构类型、招标建设规模、招标范围、招标方式、要求投标单位资质等级、施工前期准备情况及招标机构组织情况等。

2）资格预审文件及招标文件的编制与送审。公开招标对投标人的资格审查，有资格预审和资格后审两种。资格预审是指在发售招标文件前，招标人对潜在的投标人进行资质条件、业绩、技术及资金等方面的审查；资格后审是指在开标后评标前对投标人进行的资格审查。只有通过审查的投标人才可以参加投标（评标）。我国通常采用资格预审的方法。资格预审文件和招标文件须报招标管理机构审查。

（4）发布资格预审公告、招标公告或者发出投标邀请书。采用公开招标方式的，招标人要在报纸、杂志、广播及电视等大众传媒或工程交易中心公告栏上发布资格预审公告和招标公告，邀请一切愿意参加工程投标的不特定的承包人申请投标资格审查或申请投标；采用邀请招标方式的，招标人要向3个以上具备生产能力的、资信良好的、特定的承包人发出投标邀请书，邀请他们申请投标资格审查，参加投标。

（5）对投标资格进行审查。对已获知招标信息愿意参加投标的报名者都要进行资格审查，确定合格的投标人名单，并上报给招标投标管理机构核准。

（6）发放招标文件和有关资料，收取投标保证金。招标人应在规定的时间和地点将招标文件、图纸和有关技术资料发放给通过资格审查的投标人，并收取一定数量的保证金。

招标文件从开始发出之日起至投标人提交投标文件截止之日不得少于 20 日。投标单位收到招标文件、图纸和有关资料后，应认真核对，核对无误后，应以书面形式予以确认。

（7）组织投标人踏勘现场，召开投标预备会。踏勘现场的目的在于使投标人了解工程场地和周围环境情况，以获取投标单位认为有必要的信息；投标预备会也称答疑会、标前会议，是指招标人为澄清或解答招标文件或现场踏勘中的问题，以便投标人更好地编制投标文件而组织召开的会议。

（8）投标文件的接收。投标人根据招标文件的要求，编制投标文件，并进行密封和标记，在投标截止时间前按规定的地点递交至招标人。

（9）开标。开标应当在招标文件确定的提交投标文件截止时间的同一时间公开进行；开标地点应当为招标文件中预先确定的地点。参加开标会议的人员，包括招标人或其代表人、招标代理人、投标法定代表人或其委托代理人、招标投标管理机构的监管人员和招标人自愿邀请的公证机构的人员等。开标会议由招标人或招标代理人组织，由招标人或招标代理人主持，并在招标投标管理机构的监督下进行。

（10）评标。开标会结束后，招标人要接着组织评标。评标必须在招标投标管理机构的监督下，由招标人依法组建的评标委员会进行。评标委员会由招标人的代表和有关经济、技术等方面的专家组成。评标组织成员的名单在中标结果确定前应当保密。

（11）择优定标，发出中标通知书。评标结束应当产生定标结果。招标人根据评标委员会提出的书面评标报告和推荐的中标候选人确定中标人，也可以授权评标组织直接确定中标人。招标人应当自定标之日起 15 日内向招标投标管理机构提交招标投标情况的书面报告。

如果发生招标失败，招标人应认真审查招标文件及标的，做出合理修改，重新招标，在重新招标时，原采用公开招标方式的，仍可继续采用公开招标方式，也可改用邀请招标方式。

经评标确定中标人后，招标人应当向中标人发出中标通知书，并同时将中标结果通知所有未中标的投标人，退还未中标投标人的投标保证金。中标通知书对招标人和中标人均具有法律效力。中标通知书发出后，招标人改变中标结果或者中标人放弃中标项目，都应承担法律责任。

（12）签订合同。招标人与中标人应当自中标通知书发出之日起 30 天内，按照招标文件和中标人的投标文件正式签订书面合同。招标人和中标人不得再另行订立背离合同实质性内容的其他协议。同时，双方要按照招标文件的约定提交履约保证金或者履约保函，招标人还要退还中标人的投标保证金。至此，招标工作全部结束。招标工作结束后，应将有关文件资料整理归档，以备查考。

四、建筑工程招标文件及编制

（一）建筑工程招标文件的构成

建筑工程招标文件，是建筑工程招标单位单方面阐述自己的招标条件和具体要求的意思表示，是招标单位确定、修改和解释有关招标事项的书面表达形式的统称。从合同的订立过程来分析，工程招标文件属于一种要约邀请，其目的在于引起投标人的注意，希望投标人能按照招标人的要求向招标人发出要约。建筑工程招标文件是建筑工程招投标活动中最重要的法律文件之一，它不仅规定了完整的招标程序，还提出了各项技术标准和交易条件，拟列了合同的主要条款，因此招标文件是评标委员会评审和投标人编制投标文件的重要依据，也是将来中标人签订合同的基础。建筑工程招标文件由招标文件正式文本、对正式文本的解释部分和对正式文本的修改部分构成。

第一，招标文件正式文本。招标文件正式文本由四个部分组成：第一部分包括投标须知、合同条件、合同协议条款及合同格式等；第二部分是技术规范；第三部分是对投标书格式的要求，包括投标书格式、投标保函的格式、履约担保的格式、工程量清单与报价表、辅助资料表等；第四部分是图纸。

第二，对招标文件正式文本的解释。投标人拿到招标文件正式文本之后，如果认为招标文件有问题需要解释，应在招标文件规定的时间内以书面形式向招标人提出，招标人以书面形式向所有投标人做出答复，其具体形式是招标文件答疑或投标预备会会议记录等，这些也是构成招标文件的一部分。

第三，对招标文件正式文本的修改。在投标截止日期前，招标人可以对已发出的招标文件进行修改、补充。这些修改和补充也是招标文件的一部分，对投标人起约束作用。修改意见由招标人以书面形式发给所有获得招标文件的投标人，并且要保证这些修改和补充发出之日距投标截止时间应有一段合理的时间。

（二）建筑工程招标文件的内容

施工招标的招标人应当根据招标工程的特点和需要，自行或者委托工程招标代理机构编制招标文件。应注意的是，招标文件中应当包括下列内容：

（1）投标须知，包括工程概况，招标范围，资格审查条件，工程资金来源或者落实情况（包括银行出具的资金证明），标段划分，工期要求，质量标准，现场踏勘和答疑安排，投标文件编制、提交、修改及撤回的要求，投标报价要求，投标有效期，开标的时间和地点，评标的方法和标准等。

（2）招标工程的技术要求和设计文件。

（3）采用工程量清单招标的，应当提供工程量清单。

（4）投标函的格式及附录。

（5）拟签订合同的主要条款。

（6）要求投标人提交的其他材料。

应注意必须依法进行施工招标的工程，招标人应当在招标文件发出的同时，将招标文件上报给工程所在地的县级以上地方人民政府建设行政主管部门备案。

（三）建筑工程招标文件的编制

建筑工程招标投标工作中至关紧要的工作是编制招标文件，对于招标人来说，招标工作成败的关键在于招标文件编制质量的好坏；对于投标人来说，理解和掌握招标文件的内容，特别是其实质性内容，是投标人能否中标直至取得盈利的关键。在建筑工程诸多招标文件中施工招标文件较为复杂而典型。

编制招标文件是工程施工招标投标工作的核心。招标人编制标底主要依据的是招标文件；招标人确定中标人之后双方订立合同依据的仍然是招标文件。因此，从一定意义上讲，招标文件编制质量的优劣是决定招标工作成败的关键；投标人理解与掌握招标文件程度的高低是决定投标能否中标并取得盈利的关键。为此，遵守编制招标文件的如下原则就显得十分重要了。

1. 招标文件的编制原则

（1）遵守国家的法律和行政法规。如果是国际组织的贷款，还应符合该组织的各项规定和要求。

（2）公正地处理招标人与投标人的合法权益。

（3）招标文件应该正确、详细地反映项目的实际。

（4）招标文件应规范、统一，语言严谨、明确。

2. 招标文件的编制要点

在编制招标文件的时候还应该特别注意以下要点：

（1）计价模式的确定。采用工程量清单招标（包括强制和自愿选择）的工程，必须执行国家工程量清单计价规范的"四统一"，采用综合单价计价。

（2）招标文件提供的工程量清单和清单计价格式必须符合国家规范规定的格式。

（3）招标文件必须明确招标工程的性质、范围和有关的技术规格标准，规定的实质性要求和条件应当在招标文件中用醒目的方式标明。招标文件对以下问题必须予以明确：

1）招标工程中需要另行单独分包的内容必须符合政府有关工程分包规定，且必须明确总包对分包工程需要配合的具体范围和内容，将配合费用的计算规则列入合同条款。

2）涉及甲方供应材料、工作等内容的，必须在招标文件中说明，并将明确的结算规则列入合同主要条款。

3）招标工程要求的施工工期。招标项目需要划分标段、确定工期的，招标人应当合理划分标段、确定工期，并在招标文件中载明。对工程技术上紧密相连、不可分割的单位工程不得分割标段。

4）招标文件应该明确说明招标工程的合同类型及相关内容，并将其列入主要合同条款。具体包括：①采用固定价合同的，必须明确合同价应包括的内容、数量等风险范围及超出风险范围的调整方法和标准，工期超过12个月的工程应慎用固定价合同；②采用可调价合同的，必须明确合同价的可调因素和调整控制幅度及其调整方法；③采用成本加酬金合同（如费率招标）的工程，必须明确酬金（费用）计算标准（或比例）的描述及成本计算规则、价格取定标准等所有涉及合同价的确定因素；④合同主要条款必须与招标文件有关条款不存在实质性的矛盾，如固定价合同在合同主要条款不应出现"按实调整"字样，而必须明确量、价变化时的调整控制幅度和价格确定规则。

（4）招标项目需要编制标底的，标底由有资格的招标人自行编制或委托中介机构编制。一个工程只能编制一个标底。

标底应该按照符合招标工程要求的施工图纸、招标文件规定的工程招标范围、拟订的施工方案、造价管理部门发布的有关计价依据编制。

标底造价涉及的价格应按当时当地平均价格水平计算；涉及施工方案、计费标准的选用应按符合招标范围内施工企业基本水平，不应考虑具体竞争及让利因素。

施工图中存在的不确定因素，必须如实列出，并由编制人员与发包方协商确定暂定金额，同时应在招标法规定的时间内作为招标文件的补充送达全部投标人。

标底造价不作为评标定标的依据，仅作为招标评标时对工程造价的控制额及参考依据。如需设定评标标底时，发包方必须了解标底造价的编制，按招标范围内的施工水平及经调查的市场价格水平，对编制的标底造价进行具体因素的调整（即不得以人为确定的一个比例调整编制的标底造价），确定评标期望值，但不得作为评标的唯一依据及最终确定的中标合同价格。

（5）招标文件必须明确工程评标办法。

1）招标文件应当明确规定评标时除价格以外的所有评标因素，以及如何将这些因素量化或者据此进行评价的方法。

2）招标文件应根据工程具体情况和业主需求设定评标的主体因素（造价、质量、工期），并按主体因素设定不同的技术标、商务标评分标准。

3）招标文件中规定的评标标准和评标方法应当合理，不得含有倾向或者排斥潜在投标人的内容，不得设定妨碍或者限制投标人之间竞争的条件，不应在招标文件中设定投标人降价（或优惠）幅度作为评标（或废标）的限制条件。

4）招标文件中必须标明合理确定的废标认定标准和方法。

5）招标文件中应该明确载明评标环节对于投标成本价的界定方法、内容及标准。成本价的界定应按照相关内容对投标报价的单价和费用组成的完整性、合理性、准确性及不平衡报价的严重性进行分析。①投标报价的口径是否与招标文件的要求一致及其符合程度；②投标报价编制质量偏差的量化指标及其比较标准；③投标报价与有效标价、参考标底、同类工程造价指标的差值比率；④商务标与技术标的统一性；⑤凡工程实施中必须发生的直接构成工程或间接构成及有助于工程形成的资源投入，是否均作为成本考虑并列入报价；⑥对做出降低成本、让利报价是否有具体的明确分析数据及其可靠程度。

以上评价分析内容及其界定指标等必须在招标文件中予以明确。

6）招标文件应该明确是否允许投标人设备选标，并明确备选标的评审和采纳规则。

7）招标文件应明确评标过程的询标事项，规定投标人对标函在询标过程的补正规则及不予补正时的偏差量化标准。

（6）采用工程量清单招标的工程，招标文件必须明确工程量清单编制偏差的核对、修正规则。在定标后发生的工程量清单核对调整工作，招标文件应规定给予中标人一定的经济补偿，但核对后误差引起的造价调整在一定范围以内的除外，如2%以内不补偿、超出部分补偿，可以在招标文件中注明。

招标文件应考虑当工程量清单误差较大，经核对后，招标人与中标人不能达成一致调整意向的处理措施。例如，应暂停施工合同的签订，如投标人有终止合同签订的意向时，招标人应允许其终止合同，则投标人不负缔约过失责任，有投标保证金的应全额退还投标人，但中标人不得以清单误差大而对中标价进行实质性的变化作为终止合同签订的条件。

（7）采取资格预审的，招标人应当在资格预审文件中注明资格预审的条件、标准和方法；采取资格后审的，招标人应当在招标文件中载明对投标人资格要求的条件、标准和方法。

（8）招标文件必须注明招投标各环节所需要的合理时间及招标文件修改必须遵循的规则；当对投标人提出投标疑问需要答复或招标文件需要修改，不能符合有关法律法规要求的截标间隔时间规定时，必须修改截标时间并以书面形式通知每一个投标人。

（9）招标文件应明确投标文件中任何需要签字、盖章的具体要求。

第二节　建筑工程投标及报价管理

一、建筑工程投标概述

建筑工程投标是指投标人（或承包人）根据所掌握的信息以招标文件为依据，按招标文件要求在规定期限内向招标人递交投标文件及报价参与竞争，争取获得工程承包权的法律活动。投标是工程类企业经营决策的重要组成部分，它是针对招标的工程项目，力求实现决策最优化的活动。建筑工程投标行为实质上是参与建筑市场竞争的行为，是建筑企业取得工程施工合同的主要途径，同时也是众多投标人综合实力的较量，投标人通过竞争取得建筑工程承包权。

（一）投标人应具备的条件

（1）国家有关规定或者招标文件对投标人资格条件有规定的，投标人应当具备规定的资格条件。

（2）投标人应当具备承担招标项目的能力，有与招标文件要求相适应的人力、物力、财力。

（3）符合招标文件要求的施工企业资质，并在工程业绩、技术能力、建造师资格条件、财务状况等方面满足招标文件提出的要求。

（4）两个以上法人或者其他组织可以组成一个联合体，以一个投标人的身份共同投标。

联合体作为投标人应符合以下条件：两个以上法人或其他组织可以组成一个联合体，以一个投标人的身份共同投标；联体各方均应当具备承担招标项目的相应能力；由同一专业单位组成的联合体，按照资质等级较低的单位确定资质等级；联合投标应当是潜在投标人的自愿行为，招标人不得强制投标人组成联合体共同投标；联合体各方应当签订共同投标协议，明确约定各方拟承担的工作和责任，并将共同投标协议连同投标文件一并提交招标人；联合体中标的，联合体各方应当共同与招标人签订合同，就中标项目向招标人承担连带责任。

（5）投标人不得相互串通投标报价，不得排挤其他投标人的公平竞争，损害招标人或者他人的合法权益。投标人不得以低于合理预算成本的报价竞标，也不得以他人名义投标或者以其他方式弄虚作假，骗取中标。

（二）投标组织的构建

工程投标需要成立专门的机构和专业的人员对投标的全过程加以组织和管理，一个强有力、专业的投标班子是投标获得成功的首要条件。

对于投标人来说，参加投标就如同参加一场关系到企业兴衰存亡的激烈比赛。这场赛事不仅比投标报价，还比技术、经验、实力和信誉。特别是当前我国加入世贸组织后，技术密集型项目越来越多，工程规模和难度越来越大，势必给投标人带来更多严峻的挑战。一是技术上的挑战，要求承包商具有先进的科学技术，能够完成高、新、难工程；二是管理上的挑战，要求承包商具有先进的现代化组织管理水平，能够以较低价中标。

在工程招投标阶段，企业为了在竞争中取胜，必须组建一支强有力的投标队伍。投标组织成员应该主要由以下三种类型的人才组成。

1.技术专业类人才

技术专业类人才，主要是指工程设计及施工中的各类技术人员，诸如建筑师、土木工程师、电气工程师、机械工程师等各类专业技术人员。他们应拥有本学科最新的专业知识，具备熟练的实际操作能力，以便在投标时能从本公司的实际技术水平出发，综合全面考虑各项专业实施方案。

2. 经营管理类人才

经营管理类人才是指专门从事工程承包经营管理、制定和贯彻经营方针与规划、负责工作的全面筹划和安排、具有决策水平的人才。经营管理类人才应具备以下基本条件：

（1）知识渊博，视野广阔，必须在经营管理领域有相当的造诣，同时对其他相关学科也应有一定的了解。只有这样，才能全面系统地观察和分析问题。

（2）具备一定的法律知识和实际工作经验。该类人员应熟悉我国有关法律法规，同时对开展投标业务所应遵循的各项规章制度有充分的了解。

（3）较强的专业业务能力和丰富的实践经验。丰富的工作阅历和专业知识可以使投标人员具有较强的预测能力和应变能力，能对可能出现的各种问题进行预测并采取相应的措施。

（4）勇于开拓，有较强的思维能力和社会活动能力，积极参加有关的社会活动，扩大信息交流，不断吸收投标业务工作所必需的新知识和情实时信息。

3. 商务金融类人才

商务金融类人才，是指具有金融、贸易、税法、保险、采购、保函、索赔等专业知识的人才。财务人员要懂税收、保险、涉外财会、外汇管理和结算等方面的知识。

以上是对投标班子三类人员个体素质的基本要求。一个投标班子仅仅做到组织成员素质良好往往是不够的，还需要各方的共同参与，协同作战，充分发挥群体的力量。除上述关于投标班子的组成和要求外，还需注意保持投标班子成员的相对稳定，不断提高其素质和水平，这对于提高投标的竞争力至关重要。

（三）投标文件的内容

招标文件是招标人向供应商或承包商发出的旨在向其提供为编写投标所需的资料并向其通报招标投标将依据的规则和程序等内容的书面文件。招标人或其委托的招标代理机构应根据招标项目的特点和要求编制招标文件。

（1）投标人须知。这是招标文件中反映招标人的招标意图，每个条款都是投标人应该知晓和遵守的规则的说明。

（2）招标项目的性质、数量。

（3）技术规格。招标项目的技术规格或技术要求是招标文件中最重要的内容之一，是指招标项目在技术、质量方面的标准，如一定的大小、轻重、体积、精密度、性能等。技术规格或技术要求的确定，往往是招标能否具有竞争性，达到预期目的的技术制约因素。

（4）招标价格的要求及其计算方式。投标报价是招标人评标时衡量的重要因素。因此，招标人在招标文件中应事先提出报价的具体要求及计算方法。

（5）评标的标准和方法。评标时只能采用招标文件中已列明的标准和方法，不得另定。

（6）交货、竣工或提供服务的时间。

（7）投标人应当提供的有关资格和资信证明文件。

（8）投标保证金的数额或其他形式的担保。为防止投标人违约，招标人可以在招标文件中要求投标人交投标保证金，投标保证金可以采用现金、支票、信用证、银行汇票，也可以是银行保函等。投标保证金的金额不宜太高，现实操作中一般不超过投标总价的2%。中标人确定后，对未中标投标人的投标保证金应及时退还。

（9）投标文件的编制要求。

（10）提供投标文件的方式、地点和截止时间。

（11）开标、评标的日程安排。

（12）主要合同条款。合同条款应明确将要完成的工程范围、供货范围、招标人与中标人各自的权利和义务。

（四）投标时间的要求

投标文件应在招标文件中规定的截止时间前送达投标地点，在截止时间后送达的投标文件，招标单位应拒收。因此，以邮寄方式送交投标文件的，投标单位应留出足够的邮寄时间，以保证投标文件在截止时间前送达。另外，如发生地点方面的错送、误送，其后果皆由投标单位自行承担。投标单位对投标文件的补充、修改、撤回通知，也必须在所规定的投标文件截止时间前送达指定地点。

（五）投标行为的规定

1. 保密

由于投标是一次性的竞争行为，为保证其公正性，就必须对当事人各方提出严格的保密要求，投标文件及其修改、补充的内容都必须以密封的形式送达。招标单位签收后必须原样保存，不得开启。对于标底和潜在投标单位的名称、数量以及可能影响公平竞争的其他有关招标投标的情况，招标单位都必须保密，不得向他人透露。

2. 合理报价

投标单位以低于成本的价格报价，是一种不正当的竞争行为，若该单位一旦中标，可能导致承包商采取偷工减料、以次充好等非法手段来避免亏损，以求得生存。这将严重影响工程的质量安全，给社会带来隐患，必须予以禁止。但是，投标单位有时为了占领市场或是开拓市场，从长远利益出发，放弃近期利益，不要利润，仅以成本价投标，这是合法的竞争手段，法律是予以保护的。

（六）投标工作程序

投标工作程序应该与招标工作程序相对应，投标人为了取得投标的胜利，首先要熟悉投标工作程序及各个步骤。

（1）收集招标信息，成立投标机构，决定是否投标。

（2）参加资格预审，递交资格预审材料。

（3）资格预审通过后，购买招标文件及有关技术资料。

（4）认真研究招标文件，踏勘现场，参加标前会议，并对有关疑问提出咨询。

（5）决定投标报价策略。

（6）根据招标文件、相关图纸，确定施工方案，计算工程量，确定项目单价及总价。

（7）确定报价技巧，编制投标文件，封标、递交投标文件，同时递交投标保函。

（8）参加开标会议，书面澄清对投标文件提出的问题。

（9）接收中标通知书，根据招标文件和投标文件与招标人签署合同协议书。

（七）投标工作的环节

（1）收集跟踪招标信息。

1）通过各种渠道收集招标信息，如政府招标与采购网、当地招投标服务中心网站、当地的电视和报刊等途径收集。

2）投标环境的调查。

第一，工程的自然环境：工程所在地的地理及自然环境。

第二，工程的市场环境：建筑材料、设备、劳务市场情况及金融市场情况。

第三，工程的社会环境：社会政治形式、政策，还有所涉及的法律。

第四，工程竞争环境：主要分析竞争对手的实力和优势、投标报价动态等。

第五，工程方面的情况：①工程性质、规模、发包范围；②技术要求（人员、材料、设备）；③工期要求；④施工场地情况，是否与招标文件描述条件一致；⑤项目资金情况；⑥付款方式；⑦监理情况；⑧业主的信誉；⑨履约、支付能力；⑩对工期、质量、费用等方面的要求；⑪是否有长期拖欠工程尾款的情况。

（2）投标决策。作为投标人并不是有标必投，因为每项工程招标只有一个中标单位，因此投标人要想在激烈的市场竞争中取胜，获得工程承包权，并从承包工程中盈利，就需要进行相应的投标决策。即投标人根据收集到的信息，综合分析工程的条件，结合企业自身特点，有目的地选择投标项目并提出投标申请和递交相关资料。

（3）填写、申报资格预审材料。资格预审申请书必须按资格预审要求并在招标人规定的截止时间之前递交到招标人指定的地点，资格预审申请书一般递交一份原件和若干份副本（资格预审文件中规定），并分别由信封密封，信封上写明资格预审的工程名称和申请人的名称和住址。

（4）购买招标文件。通过资格预审后，在规定的时间内购买招标文件及其他相关技术资料。

（5）组建投标班子。投标工作是一项技术性很强的工作，需要有专门机构和专业人员对投标的全过程加以组织和管理。建立一个强有力的投标班子是获得投标成功的根本保证。因此，投标班子应由企业法人代表亲自挂帅，配备相应的经营管理类、工程技术类、财务金融类等专业人才。

（6）进行标前调查，现场踏勘。踏勘现场之前，通过仔细研究招标文件，对招标文件中的工作范围、专用条款、设计图纸和说明，拟定调研提纲，确定重点要解决的问题。

1）施工现场是否达到招标文件规定的条件。

2）施工的地理位置和地形、地貌、管线设置等情况。

3）施工现场的地质、图纸、地下水位、水文等情况。

4）施工现场的气候条件，如气温、湿度、风力等。

5）现场的环境，如交通、供水、供电、污水排放等。

6）临时用地、临时设施的搭建等。

（7）参加招标答疑会。提出质询、研究招标文件后发现的问题，以及在现场踏勘后仍存在的疑问，投标人代表应以书面形式在标前会议上提出，招标人应以书面形式答复。这种书面答复同招标文件一样具有法律效力。

（8）分析招标文件，计算和校核工程量。工程量计算的准确性将直接影响到工程计价和中标的机会，无论招标文件是否提供工程量清单，投标人都应该认真按照图纸计算和校核工程量。

（9）制订施工方案，编制施工组织设计方案。

1）选择和确定主要部位施工方法，根据工程具体情况编制切实可行的施工方案。

2）选择施工机械和施工设施。

3）编制分部分项工程进度计划，编制工程施工总进度计划。

（10）确定投标策略、利润方针、投标报价。

1）定额模式投标报价。定额模式投标报价是国内工程以前经常使用的方法，现在也在应用。报价编制与工程概预算基本一致。

2）工程量清单计价模式投标报价。这种报价模式也是与国际接轨的计价模式，将越来越广泛地在工程计价中使用。

（11）编制投标文件。投标文件的组成必须与招标文件的规定一致，不能带有任何附加条件，否则可能导致被否定或作废。

（12）递送投标文件。递送投标文件也称交标，是指投标人在规定的截止日期之前，将准备好的投标文件密封递送给招标人的行为。全部投标文件编制好后，按招标文件的要求加盖投标人印章并经法定代表人签字密封后送达指定地点，逾期作废。

（13）参与开标。参加开标会。

（14）签订合同。中标后，双方签订合同。

二、建筑工程投标文件

工程投标文件，是工程投标人阐述自己响应招标文件要求，旨在向招标人提出愿意订立合同意思的书面表示。投标人在投标文件中必须明确向招标人表示愿以招标文件的内容订立合同的意思；必须对招标文件提出的实质性要求和条件做出响应，不得以低于成本的报价竞标；必须按照规定的时间、地点递交给招标人，否则该投标文件将被招标人拒绝。

（一）工程投标文件的构成

常用的投标文件由投标函部分、商务标部分、技术标部分三部分构成。

（1）投标函部分。其主要内容：法定代表人身份证明书、投标文件签署授权委托书、投标承诺函、投标函附录、投标保证金交存凭证复印件等文件。

（2）商务标部分（投标报价部分）。其主要内容：投标总价及工程项目总价表、单项工程费汇总表、单位工程费汇总表、分部分项工程量清单计价表、措施项目清单计价表、其他项目清单计价表、综合单价分析表、投标文件电子版等。

（3）技术标部分。其主要内容：施工部署、施工现场平面布置图、施工方案、施工技术措施、施工组织及施工进度计划（包括施工段的划分、主要工序及劳动力安排以及施工管理机构或项目经理部组成）、施工机械设备配备情况、质量保证措施、工期保证措施、安全施工措施、文明施工措施。

投标人必须使用招标文件提供的投标文件表格格式，但表格可以按同样格式扩展。招标文件中拟定的供投标人投标时填写的一套投标文件格式，主要有投标函及其附录、工程量清单与报价表、辅助资料表等。

1）投标函。投标函是指投标人按照招标文件的条件和要求，向招标人提交的有关报价、质量目标等承诺和说明的函件，是投标人为响应招标文件相关要求所做的概括性函件。投标函是对业主和承包商均具有约束力的合同的重要部分。跟随投标函的有投标函附录、投标保证书和投标的法人代表资格证书及授权委托书。投标函附录是对合同条件规定的重要要求的具体化。投标保证书可选择银行保函，担保公司、证券公司、保险公司提供担保书。

2）投标保证金。

第一，投标保证金是投标文件的一个组成部分，对未能按要求提供投标保证金的投标，招标单位可以视为不响应招标文件而予以拒绝。

第二，投标保证金的额度。投标保证金金额通常有相对比例金额和固定金额两种方式。

相对比例是以投标总价作为计算基数，投标保证金金额与投标报价有关；固定金额是招标文件规定投标人提交统一金额的投标保证金，投标保证金与报价无关。为避免招标人设置过高的投标保证金额度，《工程建设项目施工招标投标办法》规定，投标保证金一般不得超过投标总价的2%，且最高不得超过80万元人民币。投标保证金有效期应当与投标有效期一致。《工程建设项目勘察设计招标投标办法》规定，保证金数额一般不超过勘察设计费投标报价的2%，最多不超过10万元人民币。《政府采购货物和服务招标投标管理办法》规定，投标保证金数额不得超过采购项目概算的1%。

第三，投标保证金可以是现金、支票、汇票和在中国注册的银行出具的银行保函，对于银行保函应按招标文件规定的格式填写，其有效期应不超过招标文件规定的投标有效期。

第四，未中标的投标单位的投标保证金招标单位应尽快将其退还，一般最迟不得超过投标有效期期满后的14天。

第五，中标的投标单位的投标保证金，在按要求提交履约保证金并签署合同协议后5个工作日内予以退还，一般情况下投标保证金可转为履约保证金。

第六，对于在投标有效期内撤回其投标文件或在中标后未能按规定提交履约保证金或签署协议者将没收其投标保证金。有两种情况发生时，投标保证金将被没收：①投标人在规定的投标有效期内撤回其投标；②投标人在收到中标通知书后未按招标文件规定提交履约担保，或拒绝签订合同协议书。

3）法人代表资格证明。在招标投标活动中，法定代表人代表法人的利益行使职权，全权处理一切民事活动。因此，法定代表人身份证明十分重要，用以证明投标文件签字的有效性和真实性。一般应包括：投标人名称、单位性质、地址、成立时间、经营期限等投标人的一般资料，除此之外还应有法定代表人的姓名、性别、年龄、职务等有关法定代表人的相关信息和资料。法定代表人身份证明应加盖投标人的法人印章。

4）授权委托书。若投标人的法定代表人不能亲自签署投标文件进行投标，则法定代表人需授权代理人全权代表其在投标过程和签订合同中执行一切与此有关的事项。授权委托书中应写明投标人名称、法定代表人姓名、代理人姓名、授权权限和期限等。授权委托书一般规定代理人不能再次委托，即代理人无转委托权。法定代表人应在授权委托书上亲笔签名。根据招标项目的特点和需要，也可以要求投标人对授权委托书进行公证。

5）法定单位企业资质证书。

6）投标报价工程量清单及详细的工程计算书。

7）施工组织设计。施工组织设计属于技术标，是投标文件的重要组成部分，是编制投标报价的基础，是反映投标企业施工技术水平和施工能力的重要标志，在投标文件中具有举足轻重的地位。首先，投标人应结合招标项目特点、难点和需求，研究项目技术方案，并根据招标文件统一格式和要求编制。方案编制必须层次分明，具有逻辑性，突出项目特点及招标人需求点，并能体现投标人的技术水平和能力特长。其次，技术方案尽可能采用图表形式，直观、准确地表达方案的意思和作用。

施工组织设计主要由以下部分组成：

第一，项目管理机构。主要包括企业为项目设立的管理机构和项目管理班子（项目经理或项目负责人、项目技术负责人等）。

第二，施工组织设计。施工组织设计是指导拟建工程施工全过程各项活动的技术、经济和组织的综合性文件，分为招投标阶段编制的施工组织设计和接到施工任务后编制的施工组织设计。前者深度和范围都比不上后者，是初步的施工组织设计；如中标再行编制详细而全面的施工组织设计。初步的施工组织设计一般包括进度计划和施工方案等，主要包括：①拟投入本工程的主要施工设备表；②拟配备本工程的试验和检测仪器设备；③劳动力计划表；④施工进度网络图。在投标阶段编制的进度计划不是施工阶段的工程施工计划，可以粗略一些，一般用横道图表示即可；除招标文件专门规定必须用网络图外，一般不采用网络计划。在编制进度计划时要考虑和满足一定要求：总工期符合招标文件的要求；如果合同要求分期、分批竣工交付使用，则应标明分期、分批交付使用的时间和数量；表示各项主要工程的开始和结束时间，如房屋建筑中的土方工程、基础工程、混凝土结构工程、屋面工程、装修工程、水电安装工程等的开始和结束时间；体现出主要工序相互衔接的合理安排；有利于均衡地安排劳动力，尽可能避免现场劳动力数量急剧起落，这样可以提高工效，节省临时设施；有利于充分有效地利用施工机械设备，减少机械设备占用周期；便于编制资金流动计划，有利于降低流动资金占用量，节省资金利息。

第三，拟分包计划表。如有分包工程，投标人应说明工程的内容、分包人的资质及以往类似工程业绩等。拟分包工程不得是主体工程。

（二）工程投标文件的编制

1. 投标文件的编制依据

（1）国家（工程所在地区）有关法律、法规、制度及规定。

（2）全套施工图及现场地质、水文、地貌情况的有关资料。

（3）招标文件及其主要内容：①包括招标补充、修改、答疑等技术文件；②执行的定额标准及取费标准；③所在地区人工、建材、施工机械政策调整文件；④质量标准，质量必须达到招标文件要求；⑤建设工期，如果工期比定额工期短较多的应计算赶工期措施费（30%以内，30%以上必须专家论证合格）；⑥发包人的招标倾向（侧重工期或是质量等）、会议记录。

（4）施工组织设计。

（5）施工风险。

（6）市场建筑主材、劳动力等价格信息。

（7）企业定额。

（8）预期利润。

（9）竞争态势预测。

2. 投标文件的编制步骤

投标文件是投标人（承包商）参与投标竞争的重要文件，是评标、定标和订立合同的依据，是投标人素质的综合反映和投标人能否取得经济效益的重要因素。可见，投标人应对编制投标文件的工作加倍重视。投标文件应根据招标文件及工程技术规范要求，结合项目施工现场条件、编制施工组织设计和投标报价书等内容进行编制。投标文件编制完成后应仔细核对和整理成册，并按招标文件要求进行密封和标记。一般按以下步骤进行编制：

（1）编制投标文件的准备工作。

1）组织投标班子，确定投标文件编制的人员。

2）仔细阅读投标须知、投标书附件等各个招标文件条款。

3）投标人应根据图纸审核工程量表的分项、分部工程的内容和数量。如发现"内容""数量"有误时，在收到招标文件7日内以书面形式向招标人提出。

4）收集现行定额标准、取费标准及各类标准图集，并掌握政策性调价文件。

5）收集市场建材、劳动力等价格信息。

6）收集工地地貌、地质、气候、交通、电力、水源等情况，有无障碍物等信息。

7）施工现场临时占地情况；施工平面如何布置，主要考虑吊车、料场及生产、临时生活设施等的位置，附近有无住宿条件，是否有现成的房屋可以利用，料场开采条件；其他加工条件，设备维修条件等。

8）收集、复制本企业相关证件。

（2）投标文件的填写。

1）编制投标文件的原则。

第一，严格保证所有定额、费率、单价和工程量的准确性。

第二，不同的承包方式应采用相应的单位计算标价。如按建筑工程的单位平方面积单价承包、按工程图纸及说明资料总价承包等。

第三，规范与标准统一，文字与图纸统一。

第四，投标书中各条款具有法律效力，是合同的依据，文字要力求准确、完整。

2）编制投标文件的要求。

第一，投标文件必须采用招标文件规定的文件表格格式。填写表格应符合招标文件的要求，否则在评标时就被认为是放弃此项要求。重要的项目和数字，如质量等级、价格、工期等，如未填写将作为无效或作废的投标文件处理。

第二，所编制的投标文件"正本"一份，"副本"则按招标文件附表要求的数量提供。正本与副本若不一致，以正本为准。

第三，投标文件应打印清楚，整洁、美观。所有投标文件均应由投标人的法定代表人签署，加盖印章以及法人单位公章。

第四，应核对报价数据，消除计算错误。检查各分项、分部工程的报价及单方造价单位工程一般用料、用工指标、人工费和材料费等的比例是否正常等。应根据现有指标和企业内部数据进行宏观审核，防止出现大的错误和漏项。

第五，全套投标文件应当没有涂改或行间插字。如投标文件中有涂改或行间插字，则所有这些地方均应由投标文件签字人签字并加盖印章。签字必须手签，盖印章必须加盖红印章。

第六，如招标文件规定投标保证金为合同总价的百分比时，投标人不宜过早开具投标保函，以防止泄露自己一方的报价。

第七，投标文件必须严格按照招标文件的规定编写，切勿对招标文件的要求进行修改或提出保留意见，如果投标人发现招标文件确有不少问题，应将问题归纳，区别对待处理。

第八，投标文件中的每项要求填写的空格都必须填写，否则被视为放弃。重要数字不填写，可能被作为废标处理。

第九，最好用打字的方式填写投标文件。

第十，编制投标文件的过程中，投标人必须考虑开标后如果成为评标对象，其在评标过程中应采取的对策。如果情况允许，投标人也可以向业主致函，表明投送投标文件后考虑到与业主长期合作的意向，决定降低标价百分之几，如果投标文件中采用了替代备选方案，函中也可阐明此方案的优点。也可在函中明确表明，将在评标时与业主招标机构讨论，使此报价更为合理等。应当指出，投标期间来往信函要写得简短、明确，措辞要委婉、有说服力。来往信函不仅是招标与投标双方交换意见与澄清问题，也是使业主对致函的投标人加深了解、建立信任的重要途径。

总之，要避免因细节的疏忽和技术上的缺陷而使标书无效。

（3）投标文件的审查复核。填报文件应反复校核，保证分项和汇总计算均准确无误。填写规范无漏项，签字盖章完整，符合要求。

（4）投标文件的装订。所有投标文件的装订应美观大方，较小工程可以装成一册，大、中型工程可分为下列几部分封装或按招标文件规定装订。

1）投标函。有关投标人资历业绩与项目部配备的文件，如投标委任书、投标者资历证明、已完工工程与在建工程表、主要技术人员表、项目建造师业绩、投标保函、投标人在项目所在地（国）的注册证明、投标附加说明等。

2）商务标。投标报价单、工程量表、详细的工程预算书、单价表、总价表等。

3）技术标。与报价有关的技术文件，如施工规划、施工机械设备表、施工进度表、劳动力计划表等。

三、建筑工程投标报价

投标人根据招标文件中工程量清单以及计价要求，结合施工现场实际情况及施工组织设计，按照企业定额或参照政府工程造价管理机构发布的工程定额，结合市场人工、材料、机械等要素价格信息进行投标报价。

（一）投标报价的程序

承包工程有总价合同、单价合同、成本加酬金合同等合同形式，不同的合同形式的计算报价是有区别的。投标报价计算主要步骤如下：

1. 研究招标文件

招标文件是投标的主要依据，承包商在计算标价之前和整个投标报价期间，均应组织参加投标报价的人员认真细致地阅读招标文件，仔细分析研究，弄清招标文件的要求和报价内容。一般主要应弄清报价范围、取费标准、采用定额、工料机定价方法、技术要求、特殊材料和设备、有效报价区间等。同时，在招标文件研究过程中要注意发现互相矛盾和表述不清的问题等。对这些问题，应及时通过招标预备会或采用书面提问形式，请招标人给予解答。

在投标实践中，报价发生较大偏差甚至造成废标的常见原因有两个：一是造价估算误差太大，二是没弄清招标文件中有关报价的规定。因此，标书编制以前，全体与投标报价有关的人员都必须认真反复研读招标文件。

2. 现场调查

现场条件是投标人投标报价的重要依据之一。现场调查不全面不细致，很容易造成与现场条件有关的工作内容遗漏或者工程量计算错误。由这种错误所导致的损失，一般是无法在合同的履行中得到补偿的。现场调查主要包括如下几个方面。

（1）自然地理条件。主要包括：①施工现场的地理位置；②地形、地貌；③用地范围；④气象、水文情况；⑤地质情况；⑥地震及设防烈度；⑦洪水、台风及其他自然灾害情况等。

（2）市场情况。主要包括：①建筑材料和设备、施工机械设备、燃料、动力和生活用品的供应状况、价格水平与变动趋势；②劳务市场状况；③银行利率和外汇汇率等情况。

（3）施工条件。主要包括：①临时设施、生活用地位置和大小；②供排水、供电、进场道路、通信设施现状；③引接供排水线路、电源、通信线路和道路的条件和距离；④附近有无建（构）筑物，及地下和空中管线情况；⑤环境对施工的限制等。这些条件有的直接关系到临时设施费的支出，有的则或因与施工工期有关，或因与施工方案有关，或因涉及技术措施费，从而直接或间接影响工程造价。

（4）其他条件。主要包括：①交通运输条件；②工地现场附近的治安情况等。

3.编制施工组织设计

施工组织设计包括进度计划和施工方案等内容，是技术标的主要组成部分。施工组织设计的水平反映了承包商的技术实力，不但是决定承包商能否中标的主要因素，而且由于施工进度安排是否合理，施工方案选择是否恰当，对工程成本报价有密切关系。一个好的施工组织设计可大大降低标价，因此，在估算工程造价之前，工程技术人员应认真编制好施工组织设计，为准确估算工程造价提供依据。

4.计算或复核工程量

要确定工程造价，首先要根据施工图和施工组织设计计算工程量，并列出工程量表，而当采用工程量清单招标时，这项工作可以省略。

（二）投标报价的策略

所谓投标报价策略，是指投标单位在合法竞争条件下，依据自身的实力和条件，确定的投标目标、竞争对策和报价技巧，即决定投标报价行为的决策思维和行动，包含投标报价目标、对策、技巧三要素。对投标单位来说，在掌握了竞争对手的信息、动态和有关资料后，一般是在对投标报价策略综合分析的基础上，决定是否参加投标报价；决定参加投标报价后确定什么样的投标目标；在竞争中采取什么对策，以战胜竞争对手，达到中标的目的。这种研究分析，就是制定投标报价策略的具体过程。

（三）投标报价的技巧

投标报价技巧研究，其实是在保证工程质量与工期条件下，寻求一个好的报价的技巧问题。如果以投标程序中的开标为例，可将投标的技巧研究分为两阶段，即开标前的技巧研究和开标后至签订合同的技巧研究。

（1）开标前的投标技巧研究。投标人通过投标取得项目是市场经济条件下的必然。但是，作为投标人，并不是每标必投。投标人为了中标，投标全过程都要研究投标报价技巧问题，在保证工程质量与工期的条件下，寻求一个好的报价以期获得期望的效益。常用的投标技巧主要有以下几个方面。

1）突然袭击法。由于投标竞争激烈，为迷惑对方，可在整个报价过程中，仍然按照一般情况进行，甚至有意泄露一些虚假情况，如宣扬自己对该工程兴趣不大，不打算参加投标（或准备投高标），表现出该工程无利可图，自己不想干等假象，到投标截止前几小时，突然前往投标，并压低投标价（或加价），从而打对手个措手不及而使其败北。

2）多方案报价法。多方案报价法是利用工程说明书或合同条款不够明确之处，以争取达到修改工程说明书和合同为目的的一种报价方法。当工程说明书或合同条款有不太明晰之处时，往往使投标人承担较大风险。为了减少风险就必须扩大工程单价，增加"不可预见费"，但这样做又会因报价过高而增加被淘汰的可能性。多方案报价法就是为对付这种两难的局面而出现的。其具体做法是在标书上报两个价目单价，一是按原工程说明书合同条款报一个价，二是加以注解，"如工程说明书或合同条款可做某些改变时"，则可降低多少费用，使报价成为最低，以吸引业主修改说明书和合同条款。

3）不平衡报价。不平衡报价是指在总价基本确定的前提下，调整内部各个子项的报价，以期既不影响总报价，又可在中标后投标人尽早收回垫支于工程中的资金和获取较好的经济效益。但要注意避免"畸高畸低"现象，避免失去中标机会。通常采用的不平衡报价有下列几种情况。

第一，对能早期结账收回工程款的项目（如土方、基础等）的单价可报以较高价，以利于资金周转；对后期项目（如装饰、电气设备安装等）的单价可适当降低。

第二，估计今后工程量可能增加的项目，其单价可提高，而工程量可能减少的项目，其单价可降低。

但上述两点要统筹考虑。对于工程数量有错误的早期工程，如不可能完成工程量表中的数量，则不能盲目抬高单价，需要具体分析后再确定。

第三，图纸内容不明确或有错误，估计修改后工程量要增加的，其单价可提高；而工程内容不明确的，其单价可降低。

第四，没有工程量只填报单价的项目（如疏浚工程中的开挖淤泥工作等），其单价宜高。这样，既不影响总的投标报价，又可多获利。

第五，对于暂定项目，实施的可能性大的项目，价格可定高价；估计该工程不一定实施的可定低价。

第六，零星用工（计日工）一般可稍高于工程单价表中的工资单价，因为零星用工不属于承包有效合同总价的范围，发生时实报实销，也可多获利。

第七，暂定金额的估计，分析它发生的可能性，可能性大的价格可定高些；估计不一定发生的价格可定低些；等等。

4）推荐方案报价法。有的工程，诸如化工、石化项目等，由于工艺路线、施工方案不同等因素，会给工期、工程造价等带来重大影响。招标文件中，业主通常要求承包商按照指定工艺方案报价。承包商在报价时，经过对各种因素的综合分析，特别为战胜业绩相似的竞争对手，在按要求做出报价后，可以根据本公司的工程经验，提出推荐方案，重点突出新方案在改善质量、工期和节省投资等方面的优势，并列出总价和分项价，以吸引业主，使自己区别于其他投标商。但是推荐方案的技术方案不能描述得太具体，应该保留技术关键，防止业主将此方案交给其他承包商，同时所推荐的方案一定要比较成熟，或过去有成功的业绩，否则易造成后患。

5）固定价与浮动价相结合报价法。根据物价、汇率波动情况及通货膨胀情况确定采用固定价、浮动价或固定价与浮动价相结合的方式。

6）成本加酬金。这是一种对工程或工程中一部分没有把握的工作，注明按成本加若干酬金结算的办法。但是，如有规定，政府工程合同的方案是不容许改动的，这个方法就不能使用。

（2）开标后的投标技巧研究。投标人通过公开开标这一程序可获知众多投标人的报价。但低价并不一定中标，需要综合各种因素，反复审阅，经过议标谈判，方能确定中标人。若投标人利用议标谈判施展竞争手段，就可以将投标书的不利因素变为有利因素，大大提高获胜机会。从招标的原则来看，投标人在标书有效期内，是不能修改其报价的。但是，某些投标谈判可以例外。在投标谈判中的投标技巧主要如下：

1）降低投标价格。投标价格不是中标的唯一因素，但是中标的关键性因素。在议标中，投标者适时提出降价要求是议标的主要手段。需要注意的是：①要摸清招标人的意图，在得到其希望降低标价的暗示后，再提出降低标价的要求。但有些国家的政府在关于招标的法规中规定，已投出的投标书不得改动任何文字；若有改动，投标即告无效。②降低投标价要适当，不得损害投标人的切身利益。

降低投标价格可从以下三方面入手：

第一，降低投标利润。既要围绕争取最大限度的未来收益这个目标，又要考虑中标率和竞争人数因素的影响。通常，投标人准备两个价格，既准备应付一般情况的适中价格，又准备应付竞争特殊环境需要的替代价格——通过调整报价利润所得出的总报价。两个价格中，后者可以低于前者，也可以高于前者。如果需要降低投标报价，即可采用低于适中价格，使利润减少以降低投标报价。

第二，降低经营管理费。从间接成本进行入手，为了竞争的需要也可以降低这部分费用。

第三，降低系数。是指投标人在投标作价时，预先考虑的一个未来可能降价的系数。如果开标后需要降价竞争，就可以参照这个系数进行降价；如果竞争局面对投标人有利，则不必降价。

2）补充投标优惠条件。除投标价格因素外，在投标谈判的技巧中，还可以考虑其他许多重要因素，如缩短工期、提高工程质量、降低支付条件、提出新技术和新设计方案、提供补充物资和设备等，以此优惠条件争取得到招标人的赞许，争取中标。

3）有效宣传法。注重向业主、当地政府宣传本公司，邀请其考察本公司以证实本公司的实力和资质，并考察与招标项目类似的本公司的业绩、已完成或在建的工程，以企业的实力和信誉求得理解和支持。

以上几种是投标人为了中标并获得期望的效益，在投标程序全过程几乎都要采用的投标报价技巧。这些投标报价技巧不是互相排斥的，根据具体情况，可以综合灵活运用，以提高投标人中标的机会。

第三节　建筑工程合同管理与工程索赔

"施工合同管理和索赔是双向逻辑的概念。这意味着，如果未正确管理施工合同，则合同签署的一方对另一方利用合同管理存在的问题进行索赔。"[①]在项目建设实施过程中，合同管理是整个项目管理的总纲，承建商和项目业主之间的利益关系最终都要体现在合同上。因此建筑工程施工合同管理已成为工程项目管理的主要内容，切实做好合同管理将对工程项目管理的成功和取得较好的社会效益和经济效益，起到事半功倍的作用。

一、建筑工程合同中的工期管理

工期管理是施工合同管理的重要组成部分。合同当事人应当在合同规定的工期内完成施工任务，发包人应当按时做好施工准备工作，承包人应当编制合理的施工进度计划并按此计划组织施工。同时，工程师应当落实进度控制部门的人员、具体的控制任务和管理职能分工，在工程进展全过程中实行动态控制，不断进行计划进度与实际进度的比较，对出现的偏差及时采取措施，以确保工程如期完工，顺利实现项目预定的目标。

（一）开工

（1）施工合同工期。施工合同工期是指施工的工程从开工到完成施工合同专用条款双方约定的全部内容，工程达到竣工验收标准所经历的时间。合同工期是施工合同的重要内容之一，故《建筑工程施工合同（示范文本）》要求双方在协议书中做出明确约定。约定的内容包括开工日期、竣工日期和合同工期的总日历天数。合同工期是按总日历天数计算的，包括法定节假日在内的承包天数。合同当事人应当在开工日期前做好一切开工的准备工作，承包人则应按约定的开工日期开工。

（2）承包人提交进度计划。承包人应当在专用条款约定的日期，将施工组织设计和工程进度计划提交工程师。工程师接到承包人提交的进度计划后，应当予以确认或者提出修改意见，时间限制则由双方在专用条款中约定。如果工程师逾期不确认也不提出书面意见，则视为已经同意。

承包人必须按工程师确认的进度计划组织施工，接受工程师对进度的检查、监督。工程实际进度与经确认的进度计划不符时，承包人应按工程师的要求提出改进措施，经工程师确认后执行。因承包人的原因导致实际进度与进度计划不符，承包人无权就改进措施提出追加合同价款。

（3）承包人应当按协议书约定的开工日期开始施工。承包人不能按时开工的，应在不迟于协议书约定的开工日期前7日，以书面形式向工程师提出延期开工的理由和要求。工程师在接到延期开工申请后48小时内以书面形式答复承包人。工程师在接到延期开工申请后48小时内不答复的，视为同意承包人的要求，工期相应顺延。因发包人原因不能

① 孙乔.建筑工程合同管理与索赔探讨 [J].中国住宅设施，2021（08）：65-66.

按照协议书约定的开工日期开工，工程师应以书面形式通知承包人，推迟开工日期。发包人赔偿承包人因延期开工造成的损失，并相应顺延工期。

（二）工期延误

承包人应当按照合同约定完成工程施工，如果由于其自身的原因造成工期延误，应当承担违约责任。但是，在有些情况下工期延误后，竣工日期可以相应顺延。

（1）发包人未能按专用条款的约定提供图纸及开工条件。

（2）发包人未能按约定日期支付工程预付款、进度款，致使施工不能正常进行。

（3）工程师未按合同约定提供所需指令、批准等，致使施工不能正常进行。

（4）设计变更和工程量增加。

（5）一周内非承包人原因造成的停水、停电、停气致停工累计超过8小时。

（6）不可抗力。

（7）专用条款中约定或工程师同意工期顺延的其他情况。

承包人在工期可以顺延的情况发生后14日内，就延误的工期以书面形式向工程师提出报告。工程师在收到报告后14日内予以确认，逾期不予确认也不提出修改意见，视为同意顺延工期。当然，工程师确认的工期顺延期限应当是非承包人原因造成的合理延误。工程师根据发生事件的具体情况和工期定额、合同约定等，经过分析、研究做出判断和确认。经工程师确认的顺延的工期应纳入合同工期，作为合同工期的一部分。如果承包人不同意工程师的确认结果，则按合同规定的争议解决方式处理。

（三）设计变更

设计变更的原因主要有：由于对地质、地形、地貌、水文气象等条件勘测深度不够，施工过程中实际情况与勘测资料不符，导致被动修改设计，进行变更；设计单位修改设计缺陷而引起的变更；发包人由于某些方面的需要，提出要求改变某些施工方法，或增减某些具体工程项目等；承包人在施工过程中，由于施工方面、资源市场的原因，如材料供应或者施工条件不成熟，认为需改用其他材料代替，或者需要改变某些工程项目的具体设计等引起的设计变更。不管哪一方提出设计变更，都将对施工进度产生很大的影响。因此，工程师在其可能的范围内应尽量减少设计变更，如果必须对设计进行变更，应当严格按照国家的规定和合同约定的程序进行。

（1）发包人要求设计变更施工中发包人需对原工程设计变更，应提前14日以书面形式向承包人发出变更通知。变更超过原设计标准或批准的建设规模时，发包人应报规划管理部门和其他有关部门重新审查批准，并由原设计单位提供变更的相应图纸和说明。因变更导致合同价款的增减及造成的承包人损失由发包人承担，延误的工期相应顺延。

（2）承包人要求设计变更施工中承包人应严格按图施工，不得对原工程设计进行变更。因承包人擅自变更设计发生的费用和由此导致发包人的直接损失，由承包人承担，延误的工期不予顺延。承包人在施工中提出的合理化建议涉及对设计图纸或施工组织设计的更改及对材料、设备的换用，必须经工程师同意。未经同意擅自更改或换用时，承包人承担由此发生的费用，并赔偿发包人的有关损失，延误的工期不予顺延。合同履行中发包人要求变更工程质量标准及发生其他实质性变更，由双方协商解决。

二、建筑工程合同中的价款管理

施工合同价款是按有关规定和协议条款约定的各种费用标准计算，用以支付承包方按照合同要求完成工程内容的价款总额。这是项目管理中合同双方关心的核心问题。工程价款的管理是双方依据在工程合同中的具体约定实施的一项重要工作，是涉及合同当事人双方切身利益的经营活动，也是双方履行合同的直接表现，往往也是双方矛盾纠纷的焦点。合同双方无论是在合同条款中还是在合同履行过程中都必须严肃认真地对待，在完善合同条款，公平公正履行合同义务的同时，制定相应的管理制度和工作流程，确实做好合同价款的管理。

（一）工程预付款

工程预付款主要是指用于采购建筑材料的备料款。预付额度，建筑工程一般不得超过当年建筑工程工作量的30%，大量采用预制构件以及工期在6个月以内的工程可以适当增加；安装工程一般不得超过当年安装工程量的10%，安装材料用量较大的工程可以适当增加。实行工程预付款的，双方应当在专用条款内约定发包人向承包人预付工程款的时间和数额，开工后按约定的时间和比例逐次扣回。预付时间应不迟于约定的开工前7日。发包人不按约定预付，承包人在约定预付时间7日后向发包人发出要求预付的通知，发包人收到通知后仍不能按要求预付，承包人可在发出通知后7日停止施工，发包人应从约定应付之日起向承包人支付应付款的贷款利息，并承担违约责任。

（二）工程款（进度款）支付

经工程师核实确认承包人已完成相应工程量并且质量合格是发包人支付工程款的前提。承包人应按专用条款约定的时间，向工程师提交已完工程量的报告，说明本期完成的各项工作内容和工程量。工程师接到报告后7日内按设计图纸核实已完工程量（以下称计量），并在计量前24小时通知承包人，承包人为计量提供便利条件并派人参加。承包人收到通知后不参加计量，计量结果有效，作为工程价款支付的依据。

工程师收到承包人报告后7日内未进行计量，从第8日起，承包人报告中开列的工程量即视为被确认，作为工程价款支付的依据，工程师不按约定时间通知承包人，致使承包人未能参加计量，计量结果无效。

工程师对照设计图纸，只对承包人完成的永久工程合格工程量进行计量。因此，属于承包人超出设计图纸范围的工程量不予计量；因承包人原因造成返工的工程量不予计量。

承包人统计经专业工程师质量验收合格的工程量，按施工合同的约定填报工程量清单和工程款申请表。专业工程师进行现场计量，按施工合同的约定审核工程量清单和工程款支付申请表，并报总监理工程师审定。

计算本期应支付承包人的工程进度款的款项，计算内容包括：①经过确认核实的完成工程量对应工程量清单或报价单的相应价格计算应支付的工程款；②设计变更应调整的合同价款；③本期应扣回的工程预付款；④根据合同允许调整合同价款原因应补偿承包人的款项和应扣减的款项；⑤经过工程师批准的承包人索赔款等

在确认计量结果后 14 日内，发包人应向承包人支付工程款（进度款）。按约定时间发包人应扣回的预付款与工程款（进度款）同期结算，发包人应在双方计量确认后 14 日内向承包人支付工程进度款。发包人超过约定的支付时间不支付工程进度款的，承包人可向发包人发出要求付款的通知。发包人在收到承包人通知后仍不能按要求支付，可与承包人协商签订延期付款协议，经承包人同意后可以延期支付。发包人不按合同约定支付工程款（进度款），双方又未达成延期付款协议，导致施工无法进行，承包人可停止施工，由发包人承担违约责任。延期付款协议中需明确延期支付时间，以及从计量结果确认后第 15 日起计算应付款的贷款利息。

（三）合同价款及调整

招标工程的合同价款由发包人承包人依据中标通知书中的中标价格在协议书内约定。非招标工程的合同价款由发包人承包人依据工程预算书在协议书内约定，合同价款在协议书内约定后，任何一方不得擅自改变。下列三种确定合同价款的方式，双方可在专用条款内约定采用其中的一种。

（1）固定价格合同。双方在专用条款内约定合同价款包含的风险范围和风险费用的计算方法，在约定的风险范围内合同价款不再调整。风险范围以外的合同价款调整方法应当在专用条款内约定。

（2）可调价格合同。合同价款可根据双方的约定而调整，双方在专用条款内约定合同价款调整方法。

（3）成本加酬金合同。合同价款包括成本和酬金两部分，双方在专用条款内约定成本构成和酬金的计算方法。

可调价格合同中合同价款的调整因素包括：①法律、行政法规和国家有关政策变化影响合同价款；②工程造价管理部门公布的价格调整；③一周内非承包人原因停水、停电、停气造成停工累计超过 8 小时；④双方约定的其他因素。

承包人应当在价款调整的情况发生后 14 日内，将调整原因、金额以书面形式通知工

程师，工程师确认调整金额后作为追加合同价款，与工程款同期支付。工程师收到承包人通知后 14 日内不予确认也不提出修改意见的，视为已经同意该项调整。

（四）变更价款的确定

1. 变更价款的确定程序

承包人在双方确定变更后 14 日内不向工程师提出变更工程价款报告时，视为该项变更不涉及合同价款的变更。工程师应在收到变更工程价款报告之日起 14 日内予以确认，工程师无正当理由不确认时，自变更工程价款报告送达之日起 14 日后视为变更工程价款报告已被确认。工程师不同意承包人提出的变更价款，按施工合同通用条款中关于争议的约定处理。

2. 变更价款的确定方法

承包人在工程变更确定后 14 日内，提出变更工程价款的报告，经工程师确认后调整合同价款。变更合同价款按下列方法进行：①合同中已有适用于变更工程的价格，按合同已有的价格变更合同价款；②合同中只有类似于变更工程的价格，可以参照类似价格变更的合同价款；③合同中没有适用或类似于变更工程的价格，由承包人提出适当的变更价格，经工程师确认后执行。

工程师确认增加的工程变更价款作为追加合同价款，与工程款同期支付。因承包人自身原因导致的工程变更，承包人无权要求追加合同价款。

（五）竣工结算

1. 结算程序

工程竣工验收报告经发包人认可后 28 日内，承包人向发包人递交竣工结算报告及完整的结算资料，双方按照协议书约定的合同价款及专用条款约定的合同价款调整内容，进行工程竣工结算。

发包人收到承包人递交的竣工结算报告及结算资料后 28 日内进行核实，给予确认或者提出修改意见。发包人确认竣工结算报告，通知经办银行向承包人支付工程竣工结算价款，承包人收到竣工结算价款后 14 日内将竣工工程交付发包人。

2. 违约责任

（1）发包人违约。发包人收到竣工结算报告及结算资料后 28 日内无正当理由不支付工程竣工结算价款，从第 29 日起按承包人同期向银行贷款利率支付拖欠工程价款的利息，并承担违约责任。发包人收到竣工结算报告及结算资料后 28 日内不支付工程竣工结算价款，承包人可以催告发包人支付结算价款。发包人在收到竣工结算报告及结算资料后 56 日内仍不支付的，承包人可以与发包人协议将该工程折价，也可以由承包人申请人民法院将该工程依法拍卖，承包人就该工程折价或者拍卖的价款优先受偿。

（2）承包人违约。工程竣工验收报告经发包人认可后 28 日内，承包人未能向发包人递交竣工结算报告及完整的结算资料，造成工程竣工结算不能正常进行或工程竣工结算价款不能及时支付，发包人要求交付工程的，承包人应当交付；发包人不要求交付工程的，承包人承担保管责任。

三、建筑工程合同中的索赔管理

建筑工程索赔通常是指在工程合同履行过程中，合同当事人一方因非自身因素或对方不履行或未能正确履行合同而受到经济损失或权利损害时，通过一定的合法程序向对方提出经济或时间补偿的要求。

建筑工程施工索赔是合同当事人保护自己的合法权益、索回履行施工合同过程中的义务外损失，利用法律的、经济的方法进行工程项目管理的有效手段。在工程建设的各个阶段都有可能发生索赔，但在施工阶段索赔发生较多。索赔是一种合法的正当的权利要求，是权利人依据合同和法律的规定，向责任人追回不应该由自己承担的损失的合法行为。在合同履行过程中，合同当事人往往由于非自己的原因而发生额外的支出或承担额外的工作，因此索赔是合同管理的重要内容。随着建筑工程市场的建立和发展，索赔必将成为工程项目管理越来越重要的内容。处理索赔问题的水平，直接反映了承包商、业主和监理工程师的工程项目管理水平。

对施工合同的双方来说，都有通过索赔维护自己合法利益的权利，依据双方约定的合同责任，构成正确履行合同义务的制约关系。承包人可以向发包人索赔，发包人也可以向承包人提出索赔。但在工程实践中，发包人向承包人索赔的频率相对较低，而且在索赔处理中，发包人始终处于主动和有利地位，对承包人的违约行为他可以直接从应付工程款中扣抵、扣留保证金或通过履约保函向银行索赔来实现自己的索赔要求。因此在施工合同履行过程中，发包人主动提出索赔较少，而承包人的索赔则贯穿于施工合同履行的全过程。习惯上把承包人向发包人提出的索赔称为施工索赔，发包人向承包人提出的索赔称为反索赔。

（一）索赔的特征与分类

1. 索赔的特征

从索赔的基本含义，可以看出索赔具有以下基本特征：

（1）索赔是要求给予赔偿（或补偿）的权利主张，是一种合法的正当权利要求，不是无理争利，是合理合法的。

（2）索赔是双向的。不仅承包人可以向发包人索赔，发包人同样也可以向承包人索赔。承包人的索赔范围比较广泛，一般只要因非承包人自身责任造成工期延长或成本增加，都有可能向发包人提出索赔。而发包人向承包人索赔在工程实践中发生的频率相对较低。

（3）只有实际发生了经济损失或权利损害，一方才能向对方索赔。经济损失是指因对方因素造成合同外的额外支出，如人工费、材料费、机械费、管理费等额外开支；权利损害是指虽然没有经济上的损失，但造成了一方权利上的损害，如由于恶劣气候条件对工程进度造成不利影响，承包人有权要求工期延长等。因此发生了实际的经济损失或权利损害，应是一方提出索赔的一个基本前提条件。

（4）索赔是一种未经对方确认的单方行为，对对方尚未形成约束力，索赔要求能否得到最终实现，必须要通过确认（如双方协商、谈判、调解或仲裁、诉讼）后才能实现。

（5）索赔的依据是所签订的合同和有关法律、法规和规章及其他证据，否则索赔不能成立。

（6）施工索赔的目的是补偿索赔方在工期和经济上的损失。

2. 索赔的分类

索赔按照当事人、目的、性质、依据的不同，有不同的分类。具体分为：

（1）按照索赔有关当事人，可以分为承包人与发包人之间的索赔、承包人与分包人之间的索赔、承包人或发包人与供货人之间的索赔、承包人或发包人与保险人之间的索赔。

（2）按索赔处理方式和处理时间不同，可分为单项索赔和总索赔。

（3）按照索赔目的和要求，可以分为工期索赔、费用索赔。

（4）按照索赔事件的性质，可以分为工程延期索赔、赶工索赔、工程变更索赔、工程终止索赔、不利现场条件索赔、不可抗力事件引起的索赔和其他索赔（如货币贬值、汇率变化、物价变化、政策法令变化等）。

（5）按索赔依据，可以分为合同内索赔、合同外索赔和道义索赔。

（二）索赔的内容与证据

1. 索赔的内容

（1）不利的自然条件与人为因素引起的索赔。这里所提到的自然条件及人为因素主要是与招标文件及施工图纸相比而言的。在处理此类索赔时，一个需要掌握的原则就是所发生的事件应该是一个有经验的承包人所无法预见的，特别是对不利的气候条件是否构成索赔的处理上，更要把握住此条原则。

（2）工期延长和延误的索赔。在处理这类索赔时，应注意以下几个方面：

1）导致工期延长或延误的影响因素属于非承包人本身的原因。

2）如果是由于客观原因（如不可抗力、外部环境变化等）造成的工期延长或延误，一般情况下业主可以批准承包人延长工期，但不会给以费用补偿。

3）如果是属于业主或工程师的原因引起的工期延长或延误，则承包人除应得到工期补偿外，还应得到费用补偿。

4）如果是根据网络计划（网络图）处理此类索赔，则要注意，即使是由于业主的原因造成的工期延误，但如果其延误时间不在关键线路上且未影响总工期，则承包人只能得到费用补偿。

（3）因施工临时中断而引起的索赔。由于业主或工程师的不合理指令所造成的临时停工或施工中断，从而给承包人带来的工期和费用上的损失，承包人可以提出索赔。

（4）因业主风险引起的索赔。主要指由于应该由业主承担的风险而导致承包人的费用损失增大时，承包人所提出的索赔。此时要注意的问题有两个：一是要明确哪些风险是由业主承担的；二是在发生此类事项后，承包人除免除一切责任外，还可以得到由于风险发生的损害而引起的任何永久性工程及其材料的付款及合理的利润，以及一切修复费用、重建费用等。

2. 索赔的证据

索赔的证据是当事人用来支持其索赔成立或和索赔有关的证明文件和资料。索赔证据作为索赔文件的组成部分，在很大程度上关系到索赔的成功与否，证据不全、不足或没有证据，索赔是不可能获得成功的。索赔证据既要真实、准确、全面、及时，又要具有法律证明效力。

在项目的实施过程中，会产生大量的工程信息和资料，这些信息和资料是开展索赔工作的重要依据。如果项目资料不完整，索赔就难以顺利进行。因此在施工过程中应始终做好资料积累工作，建立完善的资料记录和科学管理制度，认真系统地积累和管理施工合同文件，以及质量、进度和财务收支等方面的资料。

在项目实施过程中，常见的索赔证据主要有：①各种工程合同及法律、法规、政策文件；②施工日志；③工程照片及声像资料；④工程各种来往函件、通知、电话记录；⑤会谈纪要；⑥气象报告和工程地质水文等资料；⑦工程进度计划；⑧投标前业主提供的参考资料和现场资料；⑨工程备忘录及各种签证；⑩验收报告和鉴定报告；⑪各种检查验收报告和技术鉴定报告；⑫各种原始凭证资料及签证；⑬书面指令；⑭工程结算资料和有关财务报告；⑮其他，包括分包合同、订货单、采购单、工资单、物价指数等。

（三）索赔的主要程序

1. 索赔成立条件

（1）具备客观性条件，必须确实存在不符合合同或违反合同的事件，此事件对承包人的工期和（或）成本造成影响，并提供确凿的证据。

（2）具备合法性条件，事件非承包人自身原因引起，不属于当事人的行为责任或风险责任，按照合同条款对方应给予补偿，索赔要求应符合承包合同的规定。

（3）具备合理性条件，索赔要求应合情合理，符合实际情况，真实反映是由于事件的发生而造成的实际损失，应采用合理的计算方法和计算基础。

2. 意向通知

索赔事件发生后，承包人应在索赔事件发生后的 28 日内向工程师递交索赔意向通知，声明将对此事件提出索赔。该意向通知是承包人就具体的索赔事件向工程师和发包人表示的索赔愿望和要求。如果超过这个期限，工程师和发包人有权拒绝承包人的索赔要求。索赔事件发生后，承包人有义务做好现场施工的同期记录，工程师有权随时检查和调阅，以判断索赔事件造成的实际损害。

索赔意向书的内容应包括：①事件发生的时间及情况的简单描述；②索赔依据的合同条款及理由；③提供后续资料的安排，包括及时记录和提供事件的发展动态；④对工程成本和工期产生不利影响的严重程度。

3. 索赔证据准备

索赔的成功在很大程度上取决于承包商对索赔做出的解释和强有力的证明材料。索赔所需的证据可从下列资料中收集。

（1）施工日记。承包商应安排有关人员记录现场施工中发生的各种情况，做好施工日记和现场记录。做好施工日记工作有利于及时发现和分析索赔，施工日记也是索赔的重要证明材料。

（2）来往信件。来往信件是索赔证据资料的重要来源，平时应认真保存与工程师等往来的各类信件，并注明收发的时间。

（3）气象资料。天气情况是进度安排和分析施工条件等必须考虑的重要因素。施工合同履行过程中应做好每天天气情况记录，内容包括气温、风力、降雨量、暴雨雪、冰雹等，工程竣工时形成一份如实、完整、详细的气象资料。

（4）备忘。①对于工程师和业主的口头指令和电话，应随时书面记录，并及时提请签字予以确认；②对索赔事件发生及其持续过程随时做好情况记录；③投标过程的备忘录等。

（5）会议纪要。承包商、业主和监理的会议应做好记录，并就主要议题应形成会议纪要，由参与会议的各方签字确认。

（6）工程照片和工程声像资料。这些资料都是反映工程客观情况的真实写照，也是法律承认的有效证据，应拍摄有关资料并妥善保存。

（7）工程进度计划。承包商编制的经监理工程师或业主批准同意的所有工程总进度、年进度、季进度、月进度计划都必须妥善保管，任何与延期有关的索赔分析、工程进度计划都是非常重要的证据。

（8）工程成本核算资料。工人劳动计时卡和工资单，设备、材料和零配件采购单，付款数收据，工程开支月报，工程成本分析资料，会计报表，财务报表，货币汇率，物价指数，收付款票据都应分类装订成册，这些都是进行索赔费用计算的基础。

（9）工程图纸。工程师和业主签发的各种图纸，包括设计图、施工图、竣工图及其相应的修改图，应注意对照检查和妥善保存。设计变更一类的索赔，原设计图和修改图的差异是索赔最有力证据。

（10）招投标文件。招标文件是承包商报价的依据，是工程成本计算的基础资料，是索赔时进行附加成本计算的依据。投标文件是承包商编标报价的成果资料，对施工所需的设备、材料列出了数量和价格，也是索赔的基本依据。

（11）其他。包括分包合同、官方的物价指数、汇率变化表以及国家、省、市有关影响工程造价及工期的文件和规定等。

4. 编写索赔报告

索赔报告是承包商要求业主给予费用补偿和延长工期的正式书面文件，应当在索赔事件对工程的影响结束后的合同约定的时间内提交给工程师或业主。编写索赔报告应注意下列事项：

（1）明确索赔报告的基本要求。①索赔的合同依据。有关索赔的合同依据主要有两类：一是关于承包商有资格因额外工作而获得追加合同价款的规定；二是有关业主或工程师违反合同给承包商造成额外损失时有权要求补偿的规定。②索赔报告中必须有详细准确的损失金额或时间的计算。③必须证明索赔事件同承包商的额外工作、额外损失或额外支出之间的因果关系。

（2）索赔报告必须准确。索赔报告不仅要有理有据，而且要求必须准确。

1）索赔事件要真实，证据确凿。索赔的根据和数额应符合实际情况，不能虚构和扩大，更不能无中生有，这是索赔的基本要求。一个符合实际的索赔文件，可使业主或工程师往往无法拒绝其索赔要求；反之，若索赔报告缺乏依据，漏洞百出，只会导致业主或工程师的反感，即使索赔文件中存在正当的索赔理由也有可能被拒绝。

2）合乎逻辑的因果关系。索赔事项和理赔费用之间存在内在、直接、必然的关系，只有这样的关系才具有法律上的意义。如果仅仅是外在的、偶然性的联系，则不能认定两者之间有因果关系。

3）强调事件的不可预见性和突发性。索赔文件中应强调即使作为一个有经验的承包商也无法预计该索赔事件的发生，而且索赔事件发生后承包人采取了有效措施来防止损失和不良后果的扩大，从而使索赔更易被对方接受。

4）索赔值的计算依据要正确，计算结果要准确。索赔值的计算应采用文件规定或公认的计算方法，计算结果不能有差错。任何计算错误或歪曲事实都会降低整个索赔的可信性，给索赔工作造成困难。

5）索赔报告的用词要恰当准确。文字清晰简练，避免啰唆重复，论据充分，论述透彻。既能完整地反映索赔要求，使对方能很快理解索赔的性质，同时注意用语应尽量婉转，避免使用强硬、不客气的语言。

（3）索赔报告的形式和内容要求。索赔报告的内容应简明扼要，条理清楚。一般采用"金字塔形式"，按说明信、索赔报告正文、附件的顺序，文字前少后多。首先，在最前面的1~2页里简明扼要地说明索赔事项、理由和要求，让人一开始就了解全部内容；其次，逐项详细地论述事实和理由，展示具体的计价方法或计算公式，列出详细的费用清单，并附有必要的证据资料。

1）说明信。简要说明索赔事由、索赔金额或工期天数，以及正文和证明材料的目录。这部分一定要简明扼要，只需让业主了解索赔概况即可。

2）索赔报告正文。

标题：应针对索赔事件或索赔的事由，能够简要、准确地概括出索赔的主要内容。

事件：叙述索赔事件发生的原因和过程，包括索赔事件发生后双方的活动及证明材料。主要包括索赔事件发生的工程部位，发生的时间、原因和经过，影响的范围以及承包人当时采取的防止事件扩大的措施，事件持续时间，承包人已经向业主或工程师报告的次数及日期，最终结束影响的时间，事件处置过程中有关主要人员办理的有关事项等。

理由：即索赔依据，要合理引用法律和合同的有关规定，建立事实与损失之间的因果关系，说明索赔的合理、合法性。

分析：进行索赔事件所造成的成本增加、工期延长的前因后果分析，列出索赔费用项目及索赔总额。

3）计算。为了证实索赔金额和工期的真实性，必须阐明计算依据及计算资料的合理性，包括费用损失、工期延长的计算基础、计算方法、详细的计算过程及最终的计算结果。

4）证明材料及附件。这是索赔的有力证据，一定要和索赔报告中提出的索赔依据、证据、索赔事件的责任、索赔要求等完全一致，不能有丝毫相互矛盾的地方，要避免因计算过程和证明材料方面的失误而导致索赔失败。

5）附件。准备好与索赔有关的各种细节性资料和各种证明文件、证据和图表，以备谈判中做进一步说明。

5. 递交索赔报告

索赔意向通知提交后的28日内，或工程师可能同意的其他合理时间，承包人应递送正式的索赔报告。索赔报告的内容应包括事件发生的原因，对其权益影响的证据资料，索赔的依据，及此项索赔要求补偿的款项和工期延迟天数的详细计算等有关材料。如果索赔事件的影响持续存在，28日内还不能算出索赔额和工期延迟天数时，承包人应按工程师合理要求的时间间隔（一般为 28 日），定期陆续报出每一个时间段内的索赔证据资料和索赔要求。在该项索赔事件的影响结束后的 28 日内，递交最终详细报告，提出索赔论证资料和累计索赔额。

　　承包人发出索赔意向通知后，可以在工程师指示的其他合理时间内再报送正式索赔报告，也就是说，工程师在索赔事件发生后有权不马上处理该项索赔。如果事件发生时，现场施工非常紧张，工程师不希望立即处理索赔，可通知承包人将索赔的处理先搁置待施工不太紧张时再去解决。但承包人的索赔意向通知必须在事件发生后的 28 日内提出，包括因对变更估价双方不能取得一致意见，而先按工程师单方面决定的单价或价格执行时，承包人提出的保留索赔权利的意向通知。这在司法活动中称证据保全。如果承包人未能按时间规定提出索赔意向和索赔报告，则他就失去了就该项事件请求补偿的索赔权利。此时他所受到损害的补偿将不超过工程师认为应主动给予的补偿额。

　　6. 工程师审核索赔报告

　　（1）工程师审核承包人的索赔申请。接到承包人的索赔意向通知后，工程师应建立自己的索赔档案，密切关注事件的影响，检查承包人的同期记录时，随时就记录内容提出他的不同意见或希望应予以增加的记录项目。

　　在接到正式索赔报告以后，认真研究承包人报送的索赔资料。首先，在不确认责任归属的情况下，客观分析事件发生的原因，重温合同的有关条款，研究承包人的索赔证据，并检查他的同期记录；其次，通过对事件的分析，工程师再依据合同条款划清责任界限，必要时还可以要求承包人进一步提供补充资料。尤其是对承包人与发包人或工程师都负有一定责任的事件，更应划出各方应该承担合同责任的比例。最后，再审查承包人提出的索赔补偿要求，剔除其中的不合理部分，拟定自己计算的合理索赔款额和工期顺延天数。

　　（2）判定索赔成立的原则。工程师判定承包人索赔成立的条件为：

　　1）与合同相对照，事件已造成了承包人施工成本的额外支出，或总工期延误。

　　2）造成费用增加或工期延误的原因，按合同约定不属于承包人应承担的责任，包括行为责任或风险责任。

　　3）承包人按合同规定的程序提交了索赔意向通知和索赔报告。

　　上述三个条件没有先后主次之分，应当同时具备。只有工程师认定索赔成立后，才处理应给予承包人的补偿额。

　　（3）对索赔报告的审查。工程师（发包人）接到承包商的索赔报告后，应该及时仔细阅读其报告，并对不合理的索赔进行反驳或提出疑问，工程师依据自己掌握的资料和处理索赔的工作经验可能就相关问题提出疑问：①索赔事件不属于发包人和工程师的责任，而是第三方的责任；②事实和合同依据不足；③承包商未能遵守索赔意向通知的要求；④合同中的开脱责任条款已经免除了发包人补偿的责任；⑤索赔是由不可抗力引起的，承包商没有划分和证明双方责任的大小；⑥承包商没有采取适当措施避免或减少损失；⑦承包商必须提供进一步的证据；⑧损失计算夸大；⑨承包商以前已明示或暗示放弃了此次索赔的要求等。

在评审过程中，承包商应对工程师提出的各种疑问做出合理的答复。

监理工程师对索赔报告的审查主要如下：

第一，事态调查。通过对合同实施的跟踪、分析了解事件经过、前因后果，掌握事件详细情况。

第二，损害事件原因分析。分析索赔事件是由何种原因引起，责任应由谁来承担。在实际工作中，损害事件的责任有时是多方面原因造成，故必须进行责任分解，划分责任范围，按责任大小承担损失。

第三，分析索赔理由。主要依据合同文件判明索赔事件是否属于未履行合同规定义务或未正确履行合同义务导致，是否在合同规定的赔偿范围之内。只有符合合同规定的索赔要求才有合法性、才能成立。例如，某合同规定，在工程总价5%范围内的工程变更属于承包人承担的风险，则发包人指令增加工程量在这个范围内，承包人不能提出索赔。

第四，实际损失分析。分析索赔事件的影响，主要表现为工期的延长和费用的增加。如果索赔事件不造成损失，则无索赔可言。损失调查的重点是分析、对比实际和计划的施工进度，工程成本和费用方面的资料，在此基础核算索赔值。

第五，证据资料分析。主要分析证据资料的有效性、合理性、正确性，这也是索赔要求有效的前提条件。如果在索赔报告中拿不出证明其索赔理由、索赔事件的影响、索赔值的计算等方面的详细资料，索赔要求是不能成立的。如果工程师认为承包人提出的证据不能足以说明其要求的合理性时，可以要求承包人进一步提交索赔的证据资料。

7. 确定合理的补偿额

（1）工程师与承包人协商补偿。工程师核查后初步确定应予以补偿的额度往往与承包人的索赔报告中要求的额度不一致，甚至差额较大。主要原因大多为对承担事件损害责任的界限划分不一致，索赔证据不充分，索赔计算的依据和方法分歧较大等，因此双方应就索赔的处理进行协商。对于持续影响时间超过28日以上的工期延误事件，当工期索赔条件成立时，对承包人每隔28日报送的阶段索赔临时报告审查后，每次均应做出批准临时延长工期的决定，并于事件影响结束后28日内承包人提出最终的索赔报告后，批准顺延工期总天数。应当注意的是，最终批准的总顺延天数不应少于以前各阶段已同意顺延天数之和。规定承包人在事件影响期间必须每隔28日提出一次阶段索赔报告，可以使工程师能及时根据同期记录批准该阶段应予顺延工期的天数，避免事件影响时间太长而不能准确确定索赔值。

（2）工程师索赔处理决定。在经过认真分析研究，与承包人、发包人广泛讨论后，工程师应该向发包人和承包人提出自己的"索赔处理决定"。工程师收到承包人送交的索赔报告和有关资料后，于28日内给予答复或要求承包人进一步补充索赔理由和证据。工程师收到承包人递交的索赔报告和有关资料后，如果在28日内既未予答复，也未对承包人做进一步要求，则视为承包人提出的该项索赔要求已经被认可。

工程师在"工程延期审批表"和"费用索赔审批表"中应该简明地叙述索赔事项、理由和建议给予补偿的金额及延长的工期，论述承包人索赔的合理方面及不合理方面。通过协商达不成共识时，承包人仅有权得到所提供的证据用来满足工程师认为索赔成立那部分的付款和工期顺延。不论是工程师与承包人协商达成一致，还是他单方面做出的处理决定，批准给予补偿的款额和顺延工期的天数如果在授权范围之内，则可将此结果通知承包人，并抄送发包人。补偿款将计入下月支付工程进度款的支付证书内，顺延的工期加到原合同工期中去。如果批准的额度超过工程师权限，则应报请发包人批准。通常，工程师的处理决定不是终局性的，对发包人和承包人都不具有强制性的约束力。承包人对工程师的决定不满意，可以按合同中的争议条款提交约定的仲裁机构仲裁或诉讼。

8. 发包人审查索赔处理

当工程师确定的索赔额超过其权限范围时，必须报请发包人批准。发包人首先根据事件发生的原因、责任范围、合同条款审核承包人的索赔申请和工程师的处理报告，再依据工程建设的目的、投资控制、竣工投产日期要求以及针对承包人在施工中的缺陷或违反合同规定等的有关情况，决定是否同意工程师的处理意见。例如，承包人某项索赔理由成立，工程师根据相应条款规定，既同意给予一定的费用补偿，也批准顺延相应的工期。但发包人权衡了施工的实际情况和外部条件的要求后，可能不同意顺延工期，而宁可给承包人增加费用补偿额，要求他采取赶工措施，按期或提前完工。这样的决定只有发包人才有权做出。索赔报告经发包人同意后，工程师即可签发有关证书。

9. 承包人是否接受最终索赔处理

（1）合同的一方就其争端的问题书面通知工程师，并将一份副本提交对方。

（2）监理工程师应在收到有关争端的通知后84日内做出决定，并通知业主和承包商。

（3）业主和承包商收到监理工程师决定的通知70日后（包括70日）均未发出要将该争端提交仲裁的通知，则该决定视为最后决定，对业主和承包商均有约束力。若一方不执行此决定，另一方可按对方违约提出仲裁通知，并开始仲裁。

（4）如果业主和承包商对监理工程师决定不同意，或在要求监理工程师做出决定的书面通知发出84日后，未得到监理工程师决定的通知，任何一方可在其后的70日内就其所争执的问题向对方提出仲裁通知，将一份副本送交监理工程师。

第四章　建筑材料管理及其系统设计应用

建筑材料是指用于建筑工程所有材料的总称，它是一切建筑工程的物质基础。因此，建筑材料的管理至关重要。本章围绕建筑材料消耗量定额管理、建筑材料计划与采购管理、建筑材料管理系统的设计应用展开论述。

第一节　建筑材料消耗量定额管理

材料消耗的量和产品的量之间，有着密切的比例关系，材料消耗量定额就是研究材料消耗和生产产品之间数量的比例关系。材料消耗量定额是施工企业申请材料、供应材料、使用材料和考核节约与浪费的依据。

一、材料消耗量定额的内涵

材料消耗量定额是指在一定条件下生产单位产品或完成单位工作量所必须消耗的材料数量标准。

材料消耗量定额是指在一定条件下的定额，这些条件也是影响材料消耗水平的因素，主要包括：工人的操作技术水平和负责程序；施工工艺水平；材料质量和规格品种的适用程度；施工现场和施工准备的完备程度；企业管理水平，特别是材料管理水平；自然条件。

"生产单位产品或完成单位工作量"指的是按实物单位表示的一个产品，如砌筑 $1m^3$ 砖墙；加工 $1m^3$ 混凝土；抹 $1m^3$ 砂浆等。有的工作量很难用实物单位计量，但可按工作所完成的价值即工作量来表示，如加工维修按价值量衡量为 1 元、100 元工作量，工作一个台班等。

"必须消耗"是指按此数量所给的材料，足够完成该项任务所需；"材料数量标准"，可理解为合理的、可以衡量其消耗水平的尺度。

二、材料消耗量定额的作用

材料消耗伴随着施工生产过程。材料成本占工程成本的70%～80%，因此，如何合理地、节约地、高效地使用材料，降低材料消耗，是材料管理的主要内容。材料消耗量定额则成为上述材料管理内容的基本标准和基本依据，它的主要作用表现在以下几个方面：

（1）材料消耗量定额是编制计划的基础。企业生产经营都是有计划地进行，为了组织和管理施工生产所需材料，必须按照定额编制各种计划，如施工生产使用的材料，必须按材料消耗施工定额进行材料分析，项目施工班组并依此编制材料需用计划。其计算材料需用量的方法是：用建筑安装实物工程量乘以该项工程量某种材料消耗量定额。如项目的砌墙班组，需砌筑100m³砖墙，围240mm³内墙。该操作项目需用材料有砖、水泥、砂子、石灰等，应分别查定各种材料消耗量定额，并计算材料需用量。

（2）材料消耗量定额是确定工程造价的主要依据。项目投资的多少，是依据概算定额与对不同设计方案进行技术经济分析而定的。工程造价中的材料造价，是根据设计规定的工程标准和工程量，并根据材料消耗量定额计算的各种材料数量，再按预算价格计算出材料金额。

（3）材料消耗量定额是搞好经济核算的基础。材料管理工作既包括材料供应，也包括材料使用和材料节约。有了材料消耗量定额，就能按照施工生产进度计算材料需用量，组织材料供应，并按材料消耗量定额检查、督促，做到合理使用。以材料消耗量定额为标准，可以核算、分析和比较工程材料计划消耗与实际消耗水平，为加强材料成本管理、降低材料消耗、提高企业经济效益打下基础。

（4）材料消耗量定额是推行经济责任制、提高管理水平的手段。经济责任制，是经济体制改革的重要内容之一，是用经济手段管理经济的有效措施。材料消耗量定额是制定科学的责任标准和衡量指标的基本依据。无论是实行材料按预算包干，还是投标中的材料报价及企业内部各种形式的经济责任制，都必须以材料消耗量定额为主要依据确定经济责任水平和标准。

制定先进合理的材料消耗量定额，必须以先进的实用技术和科学管理为前提。随着生产技术的进步和管理水平的提高，必须定期修订材料消耗量定额，使它保持在先进合理的水平上。较好的材料消耗量定额管理方法，有利于提高企业素质和经济效益，有利于企业开展增产节约活动，有利于组织材料的供需平衡。

三、材料消耗量定额的类别

材料消耗量定额根据定额用途、材料类别和定额应用范围不同，有以下几种：

（一）依据材料消耗量定额的用途划分

1. 材料消耗概算定额

材料消耗概算定额，是施工中常用的材料消耗量定额，与劳动定额、机械台班定额共用组成建筑工程概算定额。

材料消耗概算定额，是由各省市基本建设主管部门，按照一定时期内执行的标准设计或典型设计，按照建筑安装工程施工及验收规范、质量评定标准及安全操作规程，并依据当地社会劳动消耗的平均水平、合理的施工组织设计和施工条件而进行编制的。

材料消耗概算定额，是编制建筑安装施工图预算的法定依据，是进行工程材料结算、计算工程造价的依据，是计取各项费用的基本标准。因此材料消耗概算定额不仅要以实物形态表现，还要以价值形态表现，既要有材料的实物定额消耗量，还要有材料计划价格。

2. 材料消耗施工定额

材料消耗施工定额，是由建筑企业自行编制的材料消耗量定额。它是在结合本企业现有条件下可能达到的水平而确定的材料消耗标准。材料消耗施工定额反映了企业管理水平、工艺水平和技术水平。材料消耗施工定额是材料消耗量定额中最细的定额，具体反映了每个部位、每个分项工程中的每一操作项目所需材料的品种甚至规格。材料消耗施工定额的水平高于材料消耗概算定额，即同一操作项目中同一种材料消耗量，施工定额中的消耗数量低于概算定额中的消耗用量。材料消耗施工定额是建设项目施工中编制材料需用计划、组织定额供料的依据，是企业内部经济核算、进行经济活动分析的基础，是材料部门进行两算对比的内容之一，是企业内部考核、开展劳动竞赛的基础。

3. 材料消耗估算指标

材料消耗估算指标，是在材料消耗概算定额基础上，以扩大的结构项目形式表示的一种定额。通常它是在施工技术资料不齐，有较多的不确定因素条件下用于估算某项工程或某类工程、某个部门的建筑工程需用主要材料的数量。材料消耗估算指标是非技术定额，因此不能用于指导施工生产，而是用于审核材料计划，考核材料消耗水平，同时它是编制初步概算、控制经济指标的依据，是编制年度材料计划和备料的依据，是匡算主要材料需用量的依据。

材料消耗估算指标，因使用要求不同和资料来源不同，常用的有以下两种：

第一种是以企业完成的建筑安装工作量和材料消耗量的历史统计资料测算的材料消耗估算指标。其计算方法如下：

$$每万元工作量某材料消耗量=\frac{统计期内某种材料消耗总量}{该统计期内完成的工作总量（万元）} \qquad (4-1)$$

这种估算指标属于经验指标，故也称经验定额。其指标量的大小与一定时期内的工程特点、地区性的经济政策、材料资源情况、价格因素有关。因此，使用这一定额时，要结合计划工程项目的有关情况进行分析，适当予以调整。

第二种是按完成的建筑施工面积和完成该面积所消耗的某种材料测算的材料消耗估算指标，其计算方法如下：

$$每平方米建筑面积某材料消耗量=\frac{统计期内某种材料的消耗总量}{该统计期内完成的施工面积} \qquad (4-2)$$

该种指标受不同项目结构不同类型的影响。通常需要按不同类型不同结构的单位工程分类，以竣工后各类工程主要材料消耗数量统计平均计算而得，并应该附主要材料的规格比例。这种经验定额，虽然不受价格因素影响，但受设计选用材料品种和其他变更因素影响，使用时也应根据实际情况进行适当调整。

（二）依据材料的类别划分

1. 主要材料消耗量定额

主要材料是指构成工程的主要实体，通常一次性消耗且价值量相对较高的材料，例如：钢材、木材、水泥、砂、石、砖、石灰等。其消耗定额一般按品种分别确定，消耗定额中包括建筑施工中的进入工程实体的净用量和合理的损耗，即：

$$\text{主要材料消耗量定额 = 净用量 + 合理损耗量} \tag{4-3}$$

2. 辅助材料消耗量定额

辅助材料的特点是用量少，大多数也可多次使用，不直接构成工程实体。因此，制定辅助材料消耗量定额需要根据不同材料的不同特点而定。通常采用以下方法：

（1）按分部、分项工程的单位实物工程量，计算辅助材料实物量消耗定额。

（2）按完成建筑工作量或建筑面积计算辅助材料货币量消耗定额，如元/万元和元/m^2。

（3）按操作工人每日消耗辅助材料数量计算辅助材料货币量消耗定额。

3. 周转材料消耗量定额

周转材料的消耗过程较主要材料复杂。它往往被多次使用且不构成工程实体，在使用过程中又基本保持其原有形态，逐步损耗，最终丧失使用价值。因此，周转材料每一次使用都产生一定的损耗。其消耗定额的一般表示方法如下：

$$\text{单位实物工程量周转材料消耗定额} = \frac{\text{单位实物工程量需用周转材料数量}}{\text{该周转材料周转次数}} \tag{4-4}$$

（三）依据定额所适用范围不同划分

（1）生产用材料消耗量定额。生产用材料消耗量定额是指建筑企业所下属工业生产企业如构件厂、金属制品加工厂、木器加工厂等，生产所需消耗材料的数量标准。由于其技术条件、操作方法和生产环境类似于工业企业，因此可参照工业企业生产规律，根据不同的产品按其材料消耗构成拟定材料消耗量定额。

（2）建筑施工用材料消耗量定额。建筑施工用材料消耗量定额，是建筑企业施工的专用定额，是根据建筑施工特点，结合当前建筑施工常用技术方法、操作方法和生产条件确定的材料消耗数量标准。常用的有材料消耗概算定额、材料消耗施工定额。

（3）经营维修用材料消耗量定额。经营维修用料与生产用料和施工用料不同，它往往用量少，品种分散，没有固定、具体的产品数量。因此，必须根据经营维修的不同内容和特点制定适当的考核标准。

四、材料消耗量定额的构成

为了正确地制定定额、使用定额，提高定额管理水平，应对定额中构成因素及其所包括的内容有所了解，才能采取有效措施实施管理。

材料消耗量定额是对材料消耗过程进行分析、提炼的结果，又是对材料消耗过程中进行监督检查的标准，在材料消耗过程中出现的两种损耗，即操作损耗和非操作损耗，均可分为两种情况的损耗：①在目前的施工技术、生产工艺、管理设施、运输设备、操作工具条件下不可避免的损耗，如桶底剩灰、砂浆散落、水泥破袋、酸液挥发等；②在目前的上述条件下可以避免、可以减少的情况下而没有避免，或者超过了不可避免的损耗量，如施工中散落较多砂浆而没有及时回收；因不合理下料造成"短"料过多过长；因保管不善造成材料丢失或损耗超量等。

由上述分析可以看出，制定材料消耗量定额时必须对那些不可避免的、不可回收的合理损耗在定额中予以考虑，而那些本可以避免或者可以再利用回收而没有避免，没有利用回收的超量损耗，不能作为损耗标准记入定额。所以材料消耗定额的构成包括以下因素：

（1）净用量。净用量既是构成材料消耗的重要因素，也是构成材料消耗量定额的主要内容。

（2）合理的操作损耗。合理操作损耗又称操作损耗定额。是指在工程施工操作或产品生产操作过程中不可避免的、不可回收的合理损耗量，该损耗量随着操作技术和施工工艺的提高而降低。

（3）合理的非操作损耗。合理的非操作损耗又称管理损耗定额，是指在材料的采购、供应、运输、储备等非生产操作过程中出现的不可避免的、不可回收的合理损耗。这部分损耗随着材料流通的发展和装载储存水平的提高而降低。

材料消耗与材料消耗量定额是两个既有相似性又有区别的概念。二者共同包含了进入工程实体的有效消耗和施工操作及采购、供应、运输、储备中的合理损耗，但材料消耗量定额剔除了材料消耗中各种不合理损耗而成为材料消耗的标准。建筑工程常用的材料消耗概算定额和施工定额，按照上述构成因素分析，可用以下公式表示：

$$材料消耗施工定额 = 净用量 + 合理操作损耗$$
$$材料消耗概算定额 = 净用量 + 合理操作损耗 + 合理非操作损耗$$

(4-5)

五、材料消耗量定额的制定

制定材料消耗量定额的目的是增加生产、厉行节约，既要保证施工生产的需要，又要降低消耗，才能提高企业经营管理水平，取得最佳经济效益。

（一）材料消耗量定额的制定原则

第一，群众路线，群专结合。材料消耗量定额的制定是一项经济、技术性很强的工作，影响材料消耗的因素很多，涉及企业生产的全过程和各个管理部门，所以，这又是一项群众性的工作。广大生产工人最了解生产和材料消耗规律，同时，材料消耗量定额还要依靠他们贯彻执行。因此，必须贯彻群众路线。但材料消耗量定额又是一门科学，定额制定必须发挥专业人员的作用。企业各有关方面的专业人员，具有长期实践经验，积累了有关定额的资料，掌握了材料消耗规律，为定额制定提供可靠的数据，这是制定定额的基础。因此，定额制定必须贯彻专业与群众相结合的方法。

第二，先进性和合理性。制定材料消耗量定额是为了节约使用材料，以获得较好的经济效果。因此，要求消耗定额具有先进性和合理性，应是平均先进定额。所谓平均先进，是在当前的技术水平、装备条件及管理水平的状况下，大多数能够达到的平均先进水平即经过努力可以达到的水平。如果定额水平过高，可望而不可即，会影响群众的积极性；反之，若定额水平过低、无约束力，则起不到应有的作用。只有定到平均先进水平，才能发挥群众的积极性。

第三，保障工程质量。制定材料消耗量定额，必须遵循综合经济效益的原则，要从加强企业管理、全面完成各项经济技术指标出发，而不能单纯地强调节约材料。降低材料消耗，也应在保证工程质量、提高劳动生产率、改善劳动条件的前提下进行。所谓综合经济效益，就是优质、高产与低耗相统一的原则。

（二）材料消耗量定额的制定要求

第一，定质。即对建筑工程或产品所需的材料品种、规格、质量，做正确的选择。务必达到技术上可靠、经济上合理和采购供应上的可能。具体考虑的因素和要求是：品种、规格和质量均符合工程（产品）的技术设计要求，有良好的工艺性能、便于操作，有利于提高工效；采用通用、标准产品，尽量避免稀缺昂贵材料。

第二，定量。定量的关键在损耗。消耗定额中的净用量，一般是不变的量。定额的先进性主要反映在对损耗量的合理判断。即如何科学、正确且合理地判断损耗量的大小，是制定消耗定额的关键。

在消耗材料过程中，总会产生损耗和废品。其中一部分属于当前生产管理水平所限而公认为是不可避免的，应作为合理损耗计入定额；另一部分属于现有条件下可以避免的，应作为浪费而不计入定额。究竟哪些属合理部分、哪些属不合理部分，这就要采取群专结合、以专为主的方式，才能正确判断和划分。

（三）材料消耗量定额的制定方法

制定消耗定额常用的方法主要有技术分析法、标准试验法、统计分析法、经验估算法和现场测定法。

第一，技术分析法。技术分析法是指通过对生产技术组织条件的分析，在挖掘生产潜力以及操作合理化的基础上，采用技术分析计算或实地观测技术来制定定额的方法。

第二，标准试验法。标准试验通常是在试验室内利用专门仪器设备进行。通过试验求得完成单位工程量或生产单位产品的耗料数量，再按试验条件修正，制定出材料消耗量定额。如混凝土与砂浆的配合比、沥青玛蹄脂和冷底子油等。

第三，统计分析法。即按某分项工程实际材料消耗量与相应完成的实物工程量统计的数量，求出平均消耗量。在此基础上，再根据计划期与原统计期的不同因素并做适当调整后，确定材料消耗量定额。

采用统计分析法时，为确保定额的先进水平，通常按以往实际消耗的平均先进数作为消耗定额。求平均先进数，是从同类型结构工程的 10 个单位工程消耗量中，扣除上、下各两个最低和最高值后，取中间 6 个消耗量的平均值；或者，将一定时期内比总平均数先进的各个消耗值，再求一个平均值，这个新的平均值即为平均先进数。这种统计分析的方法，符合先进、合理的要求，常被各企业采用，但其准确性则根据统计资料的准确程度而定。若能在统计资料的基础上，调整计划期的变化因素，就更能接近实际。

第四，经验估算法。根据有关制定定额的业务人员、操作者、技术人员的经验或已有资料，通过估算来制定材料消耗量定额的方法。估算法具有实践性强、简便易行、制定迅速的优点，但其缺点是缺乏科学计算依据、因人而异、准确度较差。经验估算法常用在急需临时估一个概算，或无统计资料或虽有消耗量但不易计算（如某些辅助材料、工具、低值易耗品等）的情况。此法亦称"估工估料"，应用仍较普遍。

第五，现场测定法。它是组织有经验的施工人员、老工人、业务人员，在现场实际操作过程中对完成单一产品的材料消耗进行实地观察和查定、写实记录，用以制定定额的方法。显然，此法受被测对象的选择和参测人员的素质而影响较大。因此，首先要求所选单项施工对象具有普遍性和代表性，其次要求参测人员的思想素质高、技术水平高、责任心强。

现场测定法的优点是目睹现实、真实可靠、易发现问题、利于消除一部分消耗不合理的浪费因素，可提供较为可靠的数据和资料。但由于工作量大，在具体施工操作中实测较难，还不可避免地会受到工艺技术条件、施工环境因素和参测人员水平等的限制。

综上所述，在制定材料消耗量定额时，根据具体条件常采用一种方法为主，并通过必要的实测、分析、研究与计算，制定出具有平均先进水平的定额来。

第二节　建筑材料计划与采购管理

一、材料计划管理

材料计划管理，就是运用计划手段组织、指导、监督、调节材料的采购、供应、储备、使用等一系列工作的总称，社会主义市场经济的确立，要求企业根据生产经营的规律，进行市场预测、需求预测，有计划地安排材料的采购、供应、储备，以适应市场形势变化的速度。

（一）材料计划的主要观念

为更好地实行材料计划管理，应树立以下观念：

第一，确立材料供求平衡的观念。供求平衡是材料计划管理的首要目标。宏观上的供求平衡，必须建立在社会资源条件允许的情况下，在保证基本建设投资规模平衡的前提下，才有材料市场的供求平衡，才可寻求企业内部的供求平衡，材料部门应积极组织资料，在供应计划上不留缺口，使企业完成施工生产任务有坚实的物质保证。

第二，确立指令性计划、指导性计划和市场调节相结合的观念。市场的作用在材料管理中所占份额越来越大，编制计划、执行计划均应在这种观念的指导下，使计划切实可行。

第三，确立多渠道、多层次筹措和开发资源的观念。多渠道、少环节是我国物资管理体制改革的一贯方针，建筑企业一方面应充分利用市场，占有市场，开发资源；另一方面应狠抓企业管理，依靠技术进步，提高材料使用效能，降低材料消耗。

（二）材料计划的基本任务

第一，材料计划管理能为实现企业经济目标做好物质准备。建筑企业的经营发展，需要材料部门提供物质保证。材料部门必须适应企业发展的规模、速度和要求，才能保证企业经营持续进行。为此材料计划应体现保证资源需求，降低材料消耗，加速资金周转，以最少的投入获得最大的经济效果。

第二，材料计划管理应实现资源的平衡调度。材料的平衡调度是施工生产部门协调生产的基础。材料部门一方面应掌握施工进度，核实需用情况；另一方面要查清内外资源，了解市场信息，确定周转储备，搞好材料品种、规格及项目的平衡配套，保证生产顺利进行。

第三，材料计划管理的目标是促进材料的合理使用。通过材料计划目标、消耗定额和保证措施，实现材料的合理使用。通过计划目标的检查、考核和承包等管理手段，提高材料的使用效益。

第四，材料计划管理职能的实现必须建立健全管理制度。材料计划职能的有效发挥，是建立在材料计划编制高质量的基础上。建立科学的、连续的、稳定的和严谨的计划指标体系，是保证计划良好运行的基础。健全计划流转程序和制度，可以保证施工有序、高效地运行。

（三）材料计划的类别划分

材料计划的种类划分，通常是依据企业的材料管理体制而进行的，同时根据材料计划与施工生产的衔接方式，并考虑不同材料的社会资源情况。

1. 按照使用方向进行划分

按照材料的使用方向不同，材料计划可分为产品生产用材料计划、施工生产用材料计划和生产生活维修用材料计划。

（1）产品生产用材料计划。产品生产用材料计划是指施工企业所属工业企业为完成建材及相关产品生产而编制的材料计划。如机械制造、建材制品加工、周转材料生产等。其所需材料的数量，一般是按生产的产品数量和该产品的消耗定额进行计算而确定的。

（2）施工生产用材料计划。施工生产用材料计划，包括自身基建项目，也包括承建工程项目的材料计划。其材料计划的编制，通常应根据分工范围及承包协议，按照施工生产所用材料消耗分析而编制。

（3）维修用材料计划。维修用材料计划是指企业为完成生产任务而产生的机械设备、生产设施及办公生活设施维修所需要材料而编制的计划。通常是以年度维修计划为依据而编制的。

2. 按照计划用途进行划分

按照计划的用途分，材料计划有材料需用计划、供应计划、采购计划、加工订货计划和运输计划。

（1）材料需用计划。材料需用计划一般是由最终使用材料的施工项目编制，是材料计划中最基本的计划，是编制其他计划的基本依据。材料需用计划应根据材料的不同使用方向，分单位工程，根据材料消耗量定额，逐项计算需用材料的品种、规格、数量及质量要求汇总而成。

（2）材料供应计划。材料供应计划是负责材料供应的部门，为完成材料供应任务，组织供需衔接的实施计划。除包括供应材料的品种、规格、质量、数量、使用地点外，还应包括供应措施和供应时间。

（3）材料采购计划。材料采购计划是企业为了获得各种资源而编制的计划。计划中应包括材料品种、规格、数量、质量，预计采购对象名称及需用资金。

（4）材料加工订货计划。材料加工订货计划，是项目或供应部门为获得加工制作的材料或产品资源而编制的计划。计划中应包括所需材料或产品的名称、规格、型号、质量及技术要求和交货时间等，其中若属非定型产品，应附有加工图纸、技术资料或提供样品。

（5）材料运输计划。材料运输计划是指为组织材料运输而编制的计划。

3. 按照计划的期限进行划分

材料计划有年度计划、季度计划、月度计划、一次性计划及临时追加计划。

（1）年度计划。年度计划指企业为保证全年生产经营任务所需用的主要材料计划。它是企业指导全年材料供应与规划管理活动的重要依据。年度材料计划必须与年度生产经营任务密切结合，计划的准确程度，对全年生产经营的各项指标能否实现，有着密切关系。

（2）季度计划。季度计划是根据企业生产经营任务的落实情况，按照任务进度安排，以季度为期限而编制的材料计划。它是年度计划的调整，是具体组织订货、采购、供应，落实各种材料资源的依据，是本季度施工生产任务的保证。季度计划的材料品种、数量一般需与年度计划结合。有增减时，则要采取有效的措施。如果采取季度分月编制的方法，则需要具备可靠的依据。

（3）月度计划。月度计划是材料的使用部门根据当月生产经营进度安排编制的材料计划。它比年季度计划更细致，要求内容更全面、更及时和更准确。施工生产的材料月度计划必须以单位工程为对象，按生产进度的实物工程量逐项分析计算汇总，明确使用部位、材料名称、规格型号、质量、数量等。因此它是供应部门组织配套供料，安排运输、收料、保管的具体行动计划，是材料采购供应管理活动的重要环节，对完成月度施工生产任务，有更直接的影响。凡列入月度计划的需用材料，都要逐项落实资源，如个别品种、规格有缺口，要采取措施进行平衡，保证按计划供应。

（4）一次性计划。一次性计划也称为单位工程材料计划，是根据承包合同或协议书，按规定时间要求完成的生产阶段，或完成某项生产任务期间所需材料的计划。这个"规定时间"或"某项生产任务"并不一定是日历计量中完整的月度或季度，而是由完成此项任务所需要的时间决定的。当这个任务是指一个单位工程时，这个计划也叫作单位工程材料计划。

（5）临时追加计划。由于设计修改或任务调整，或原计划中品种、规格、数量有错漏，或施工中采取临时技术措施，或机械设备发生故障需及时修复等原因，需要采取临时措施解决的材料计划，称为临时追加计划。列入临时计划的一般是急用材料，作为工作重点，应千方百计满足需要。如费用超支和材料超用，应查明原因，分清责任，办理签证，由责任方承担。

（四）材料计划的影响因素

材料计划的编制和执行中，常受到多种因素的制约，处理不当极易影响计划的编制质量和执行效果。影响因素主要来自企业外部和企业内部两个方面。

第一，企业内部影响因素。企业内部影响因素，主要是企业内各部门间的衔接问题。例如，生产部门提供的生产计划，技术部门提出的技术措施和工艺手段，劳资部门下达的工作量指标等，只有及时提供准确的资料，才能使计划制订有依据而且可行。同时，要经常检查计划执行情况，发现问题及时调整。计划期末必须对执行情况进行考核，为总结经验和编制下期计划提供依据。

第二，企业外部影响因素。企业外部影响因素主要表现在材料市场的变化因素及与施工生产相关的因素。如材料政策因素、自然气候等。材料部门应及时了解和预测市场供求及变化情况，采取措施保证施工用料的相对稳定。掌握气候变化信息，特别是对冬季、雨季的技术处理，劳动力调配，工程进度的简化调整等均应做出预计和考虑。

编制材料计划应实事求是，积极稳妥，不留缺口，计划要切实可行。执行中应严肃、认真，为达到计划的预期目标打好基础。定期检查和指导计划的执行，提高计划制订水平和执行水平，考核材料计划完成情况及效果，可以有效地提高计划管理质量，增强计划的控制功能。

（五）材料计划的编制基础

1. 材料计划的编制原则

（1）综合平衡的原则。编制材料计划必须坚持综合平衡的原则。综合平衡是计划管理工作的一个重要内容，包括产需平衡、各供应渠道间平衡、各施工单位间的平衡等。坚持积极平衡，按计划做好控制协调工作，促使材料合理使用。

（2）实事求是的原则。编制材料计划必须坚持实事求是的原则，材料的科学性就在于实事求是，深入调查研究，掌握正确数据，使材料计划可靠合理。

（3）留有余地的原则。编制材料计划要考虑周全，留有余地，不能只求保证供应，扩大储备，形成材料积压。材料计划不能留有缺口，避免供应脱节，影响生产，只有供需平衡，略有余地，才能确保供应。

（4）严肃性和灵活性统一的原则。材料计划对供、需两方面都有严格的约束作用，同时建筑施工受多种主客观因素的制约，出现变化情况，也是在所难免的，所以在执行材料计划中，既要讲严肃性，又要适当重视灵活性，只有严肃性和灵活性相统一，才能保证材料计划的实现。

2. 材料计划的编制准备

（1）正确的指导思想。建筑企业的施工生产与国家各个时期国民经济的发展，有着密切的联系。为了更好地组织施工，必须掌握上级有关材料管理的经济政策，使企业材料管理工作沿着正确方向发展。

（2）收集资料。编制材料计划要建立在可靠的基础上，首先要收集各项有关资料数据，包括上期材料消耗水平、上期施工作业计划执行情况、摸清库存情况，以及周转材料、工具的库存和使用情况等。

（3）了解市场信息。市场资源是目前建筑企业解决需用材料的主要渠道，编制材料计划时必须了解市场资源情况。市场供需情况，是组织平衡的重要内容，不能忽视。

3.材料计划的编制程序

（1）计算需用量。

1）计划期内工程材料需用量计算。

第一，直接计算法。一般是以单位工程为对象进行编制。在施工图纸到达并经过会审后，根据施工图计算分项实物工程量，结合施工方案与措施，套用相应的材料消耗量定额编制材料分析表。按分部进行汇总，制订单位工程材料需用计划。再按施工进度，编制季、月需用计划。直接计算法的公式如下：

某种材料计划需用量＝建筑安装实物工程量 × 某种材料消耗量定额（分预算定额和施工定额）

$$(4-6)$$

上述计算公式的材料消耗量定额，根据适用对象选定。如编制施工图预算向建设单位、上级主管部门和物资部门申请计划分配材料指标作为结算依据，或依此编制订货、采购计划，应采用预算定额计算材料需用量。如企业内部编制施工作业计划，向单位工程承包负责人和班组实行定包供应材料，作为承包核算基础，则采用施工定额计算材料需用量。

第二，间接计算法。当工程任务已经落实，但设计尚未完成，技术资料不全；有的工程甚至初步设计还没有确定，只有投资金额和建筑面积指标，不具备直接计算的条件。为了事前做好备料工作，可采用间接计算法。根据初步摸底的任务情况，按概算定额或经验定额分别计算材料用量，编制材料需用计划作为备料依据。凡采用间接计算法编制备料计划的，在施工图到达后，应立即用直接计算法核算材料实际需用量，进行调整。

已知工程类型、结构特征及建筑面积的项目，选用同类型按建筑面积平方米消耗定额计算，其计算公式如下：

某材料计划需用量＝某类型工程建筑面积 × 某类型工程每平方米某材料消耗量定额 × 调整系数

$$(4-7)$$

工程任务不具体，如企业的施工任务只有计划总投资，则采用万元定额计算。其计算公式如下：

某材料计划需用量＝各类工程任务计划总投资 × 每万元工作量某材料消耗量定额 × 调整系数

$$(4-8)$$

2）周转材料需用量计算。周转材料的特点在于周转，首先根据计划期内的材料分析确定周转材料总需用量，然后结合工程特点，确定计划期内周转次数，再算出周转材料的实际需用量。

3）施工设备和机械制造的材料需用量计算。建筑企业自制施工设备，一般没有健全的定额消耗管理制度，而且产品多是非定型的，可按各项具体产品，采用直接计算法，计算材料需用量。

4）辅助材料及生产维修用料的需用量计算。这部分材料用量较小，有关统计和材料定额资料也不齐全，其需用量可采用间接计算法计算。

需用量＝（报告期实际消费量＋报告期实际完成工程量）× 本期计划工程量 × 调整系数　　（4-9）

（2）确定实际需用量编制材料需用计划。根据各工程项目计算的需用量，进一步核算实际需用量。核算的依据有以下几个方面：

1）对于一些通用性材料，在工程进行初期阶段，考虑到可能出现的施工进度超额因素，一般都略微加大储备，其实际需用量就略大于计划需用量。

2）在工程竣工阶段，要考虑到防止工程竣工材料积压，一般是根据库存控制进料，这样实际需用量要略小于计划需用量。

3）对于一些特殊材料，为保证工程质量，往往要求一批进料，所以计划需用量虽只是一部分，但在申请采购中往往是一次购进，这样实际需求量就要大大增加。

实际需求量的计算公式如下：

实际需求量＝计划需求量 ± 调整因素　　（4-10）

（3）编织材料申请计划。需要上级供应的材料，应编制申请计划。申请量的计算公式如下：

材料申请量＝实际需求量＋计划储备量－期初库存量　　（4-11）

（4）编制供应计划。供应计划是材料计划的实施计划。材料供应部门根据用料单位提报的申请计划及各种资源渠道的供应情况、储备情况，进行总需用量与总供应量的平衡，并在此基础上编制对各用料单位或项目的供应计划，并明确供应措施，如利用库存、市场采购、加工订货等。

（5）编制供应措施计划。在供应计划中所明确的供应措施，必须有相应的实施计划。如市场采购，须相应编制采购计划；加工订货，需有加工订货合同及进货安排计划，以确保供应工作的完成。

（六）材料计划的实施关键

材料计划的编制仅是材料计划工作的开始，材料计划的实施是材料计划工作的关键。

（1）组织材料计划的实施。材料计划工作是以材料需用计划为基础，然后确定供应量、采购量、运输量、储备量、储备资金量等，然后通过材料流转计划，将有关部门和环节联系成一个整体，实现材料计划目标。

（2）协调材料计划实施中出现的问题。

1）施工任务改变时，材料计划也应做相应调整。

2）设计变更时，材料需用量和品种、规格、时间，也应调整。

3）供应商及运输情况变化，影响材料按时到货，应调整。

4）施工进度提前或推迟，也应调整材料计划。

（3）建立计划分析和检查制度。为及时发现问题，保证全面完成计划，企业应按照分级管理职责，在检查反馈信息的基础上进行计划的检查分析，这就要求建立相应的制度。

主要建立现场检查制度、定期检查制度、统计检查制度。

（4）计划的变更和修订。出现工程任务量变化、设计变更、工艺变动、其他原因，需要对材料计划进行调整和修订。材料计划变更及修订的主要方法有：①全面调整或修订。当材料需用量发生较大变化时，需全面调整计划。②专项调整或修订。某项任务增减、施工进度改变，使材料需求发生局部变化，需局部调整或修订。③经常调整或修订。施工生产过程中，临时发生变化，需及时调整材料供应计划。

（5）考核材料计划的执行效果。考核材料计划执行效果需建立相应的指标体系，可包括：①采购量及到货率、供应量及配套率；②自有运输设备的运输量；③流动资金占用额及周转次数；④材料成本降低率；⑤主要材料的节约额和节约率。

二、材料采购管理

"采购管理的重要任务之一是控制采购成本，合理的成本控制手段可以节约材料采购过程中的价格、运费、储存、保管等一系列开支，意义重大，因此需要分析控制采购成本的要点，以提升建筑工程材料采购的成本控制能力。"[1] 材料采购管理就是对于材料采购工作进行相应的计划、组织、执行、控制，用来提高材料资源的使用效率，保证企业主营业务的正常开展，降低经营成本。实施科学的采购管理，表现为选择最佳供应渠道，合理采购方式、采购品种、采购批量、采购频率和采购地点等，用有限的资金保证建筑工程的需要，降低采购成本和风险，从而降低企业经营成本，加速资金周转和提高产品质量。

（一）材料采购的主要意义

建筑材料是建筑企业开展建筑工程工作的基础。如何保障建筑材料安全、及时、高效地供给，是材料采购管理的重要任务。此外，建筑材料的成本通常约占工程总成本的60% ~ 70%，加强材料采购管理，提高采购管理水平对于降低整体工程成本更具有重要意义。加强建筑企业材料采购管理的意义表现在：①保证材料准确、充分、及时供应；②保证材料质量合格；③降低企业材料采购成本及风险。

（二）材料采购的基本原则

第一，遵纪守法的原则。材料采购工作应执行国家的政策，遵守物资管理工作的法规、法令和制度，自觉维护国家物资管理秩序。

第二，按需订购的原则。材料采购目的，是满足施工生产需要。必须坚持按需订货的原则，避免供需脱节或库存积压的发生。应按需用计划编制供应计划，按供应计划编制加工订货、采购计划，按计划组织采购活动。

第三，择优选择的原则。材料采购的另一个目标，是加强材料成本核算，降低材料成本。在采购时应比质、比价、比供应条件，经综合分析、对比、评价后择优选择供货，实

---

① 李蒙.建筑工程材料采购管理方法探讨 [J].住宅与房地产，2020（36）：20+32.

现降低材料采购成本的目标。

第四，恪守信誉的原则。材料采购工作，是企业经营活动的重要组成部分，体现了企业供应业务和外部环境的经济关系，显示了企业信誉水平。材料采购部门和业务人员应做到信守合同、恪守诺言，提高企业的信誉。

（三）材料采购的信息管理

1. 材料采购信息的内容分类

企业要采购何种类型、规格以及数量、质量的建筑材料，应该根据建筑工程的设计及需要，制定出采购计划后进行决策。事实上关于材料信息的搜集工作，伴随着材料管理工作的全过程。只有了解市场上相关的材料信息，才知道市场上有哪些可供使用的原材料，以及原材料的供应情况。对于不同种类的材料，信息内容大致可分为以下类别：

（1）市场信息。各类建筑材料的主要生产企业名称、规模及分布情况，各类建筑材料主要用户的需求数量及需求特点等状况。

（2）供应信息。各类建筑材料的主要生产企业的供应能力、供应周期、产品质量等。

（3）价格信息。各类建筑材料的主要规格、单价、批发价及优惠价，以及对应的产品质量情况。

（4）运输信息。建筑材料物流运费、运输能力、所经主要道路的近期交通情况等。

（5）新材料信息。行业内新功能材料的产量、使用、供应商等情况。

（6）政策信息。国家各级政府相关管理部门对行业管理的新规定或指导方向。

2. 材料采购信息的渠道来源

一般通过以下信息渠道来搜集材料信息。

（1）各种专业报纸杂志及网络的广告。

（2）有关学术、技术交流会。

（3）供货会及展销会。

（4）政府部门发布的计划、通报及情况报告。

（5）企业或行业协会发布的材料采购信息。

3. 材料采购信息的功能模块

对于搜集到的信息，如何进行快速、准确地整理、统计、分析，并实现有用信息在企业内部决策系统中的高效流动，为企业决策层正确做出购买决策，为执行层迅速准确执行购买决策提供保障，就应该建立企业信息管理系统。该系统完成建筑材料详细信息的分级分类管理，包括材料信息的录入、修改、删除和查询操作。按材料的不同类别进行分层管理，每一材料大类下分设不同的小类，每一小类也包含若干具体材料类型，这样层层下推、细化，直至包含所有所需材料，最终形成一个树状结构来实现材料的分级管理。应用计算机和互联网技术管理，随时进行采购信息的更新、检索、查询和定量分析。采购信息系统的功能模块大致可分为以下几个方面：

（1）材料基本信息的搜集、录入。包括供应商名称、供应商规模、供应商信誉、供应能力、材料价格、材料质量、材料规格、材料生产及供货周期等。

（2）材料信息的统计分析。对各类基本信息进行统计分析，才能得出一定结论，发挥搜集信息的作用。比如，根据历年采购数据，可以统计出企业年采购资金总量及周转率、各供应商执行合同的达成率、各类材料的供应周期等。

（3）材料基本信息的修改及变更功能。随着经济的发展和科技的进步，各种材料的供应情况都在发生着变化，企业应对收集来的最新信息进行及时的修改及变更，以便企业做出适应市场变化的科学采购行为。

（四）材料采购的评价决策

1.采购因素

企业在做出材料采购决策时，除了遵循一般的采购原则，如规模采购、比质、比价、择优选择以外，还要受以下两大类因素的影响。

（1）企业外部因素。

1）货源因素。建筑企业所需材料，大多数来自自然资源，如砂、石、木材等以及以自然资源为原料的加工品，如水泥、砖瓦、钢材、玻璃等，这些材料大多具有体积大、占库存、重量大、生产及运输能耗高、供应周期较长等特点。由于受到自然界及政府政策的影响，建筑材料在市场上的供应状况有时会带有季节性或阶段性，比如，砂子在冬季有禁采期，冬季的供应量非常小；政府出于保护环境、节能减排等考虑，会在冬季关停一段时间并发展一些污染或耗能较高的建筑材料生产企业，这些都会影响这个阶段材料的市场供应状况。

2）供货方信誉因素。建筑行业是较为粗放的行业，出于对供货方信誉的担心，建筑企业可能会增加一个保险系数，在最佳的采购批量及批次基础上，再适量增加一些库存，以保证企业建筑工程的正常开展。

3）市场供求因素。市场的供应情况，除受自然规律和国家政策的影响，还受到供需双方数量相对变化的影响。企业在预测到供求趋势有较大变化的情况下，也会对采购决策进行调整。

（2）企业内部因素。

1）施工生产因素。企业施工生产的进度，决定了材料的需求数量。企业由于规模大小不同、人数多少及资金状况都不一样，则所承揽的工程项目大小、进度快慢也不相同，从根本上影响了材料采购数量的大小。

2）仓储能力因素。建筑材料通常都有体积大占库存、重量大不易搬运等特点，企业一般都会根据自身的仓储能力来决定采购批量和频率。

3）资金因素。除了上述几种影响因素以外，企业可用于采购材料的资金情况也是非常重要的影响因素。采购批量依据材料需用量和经济订购批量来确定，但采购资金的限制会迫使企业调整采购批量。

2. 采购成本

采购成本不仅包括采购物料的价格，还包括采购活动的成本费用（包括取得物料的费用、采购业务费用等）、因采购而发生的库存持有成本及因采购不及时而带来的缺货成本。

（1）物料成本。物料成本是指由于购买材料而发生的货币支出成本。物料成本总额取决于采购数量、单价和运输成本，物资采购控制的核心是采购价格的控制，降低采购成本的关键也是控制采购价格。其计算公式如下：

$$物料成本 = 单价 \times 数量 + 运输费 + 相关手续费 + 税金等 \qquad (4-12)$$

（2）订购成本。订购成本是指企业为了实现一次采购而进行的各种活动的费用，如办公费、差旅费、邮资、电报和电话费等支出。订购成本中有一部分与订购次数无关，如常设采购机构的基本开支等，称为订购的固定成本；另一部分与订购次数有关，如差旅费、邮资等，称为订购的变动成本。

（3）持有成本。持有成本是指为保持材料库存而发生的成本，它可以分为固定成本和变动成本。固定成本与存货数量的多少无关，如仓库折旧、仓库员工的固定月工资等；变动成本与存货数量的多少有关，如材料资金的应计利息、材料的破损和变质损失、保险费用等。

（4）缺货成本。缺货成本是指由于材料供应中断而造成的损失，在建筑企业中主要包括停工待料损失、丧失销售机会损失（还应包括名誉损失）。如果损失客户，还可能为企业造成间接或长期损失。

许多企业在需求率不规则，或需求预测不准确，或供应商供货意外中断的情况下而保持一定数量的保险库存。保险库存的数量应该科学合理，如果数量较大，虽然降低了缺货成本，却增加了物料成本和持有成本；如果数量较小，虽然减少了物料成本和持有成本，却增大了缺货成本，也会因为增加订购次数而增加订购成本。所以在考虑控制采购成本时，应综合考虑影响总成本的各项因素，通过保持合理、科学的保险库存（或称安全库存）、和采购频率及单次的采购数量，使得总采购成本保持最低。

3. 采购批量

材料采购批量是指一次采购材料的数量。其数量的确定是以施工生产需用为前提，按计划分批采购。采购批量直接影响采购次数、采购费用、保管费用、资金占用和仓库占用。

因此，在某种材料总需用量中，每次采购的数量应选择各项费用综合成本最低的批量，也叫经济批量或最优批量。经济批量的确定受多方因素的影响，按照所考虑主要因素的不同一般有以下三种方法：

（1）依据材料在流通环节最少选择最优批量。向生产厂家直接采购，所经过的流通环节最少、价格最低。但生产厂家的销售往往有最低销售限制，因此采购批量一般要符合生产厂家的最低销售批量。这样既减少了中间流通环节费用，又降低了采购价格，还能得到适用的材料，从而最终降低了采购成本。

（2）依据运输方式选择经济批量。在材料运输中有铁路运输、公路运输、水路运输等不同方式，每种运输中一般又分整车运输和零散运输。在中、长途运输中，铁路运输和水路运输较公路运输价格低，运量大。而在铁路运输和水路运输中，整车运输费用低于零散运输费用。因此，一般采购应尽量就近采购或达到整车托运的最低限额时采购以降低采购费用。

（3）依据采购费用和保管费用支出最低选择经济批量。材料采购批量越小，材料保管费用支出越低，但采购次数越多，采购费用越高。反之，采购批量越大，保管费用越高，但采购次数越少，采购费用越低。因此采购批量与保管费用呈正比例关系，与采购费用呈反比例关系。

在企业某种材料全年耗用量确定的情况下，其采购批量与保管费用及采购费用之间的关系如下：

$$年保管费用 = \frac{1}{2} \times 采购批量 \times 单位材料年保管费用$$
$$年采购费用 = 采购次数 \times 每次采购费用 \tag{4-13}$$
$$总费用 = 年保管费用 + 年采购费用$$

（五）材料采购的执行管理

1. 材料采购的执行方式

（1）采购管理方式。根据建筑材料种类多、需用量大或用量不均衡等特点，常见的企业采购管理方式有以下方面：

1）集中采购方式。所有材料由企业统一采购，通过企业内部管理系统或内部材料市场分别向施工项目供应材料。它有利于对材料采购的指导、控制、统一决策及统筹采购资金、获得材料折扣优惠、降低材料采购成本、提高材料采购效率，但当施工项目多且分散时也会增加内部沟通难度，采购灵活性差，降低材料供应的及时性，不能发挥就地采购的优势。

2）分散采购方式。所有材料由施工项目自行组织采购。它能发挥项目部的积极性，因地制宜，适应现场变化，但不能发挥集中采购的诸多优势。

3）混合采购方式。通用材料、大宗材料由企业统一采购，特殊、零星材料由各项目部分散采购。它包括了集中采购和分散采购的优点，避免了两者的不足，是一种较为常用的采购制度。

混合采购方式常用的方法是 ABC 分类法，是巴雷特原理在库存方面的应用。巴雷特指出的"关键的少数和次要的多数"，这一思想就是将管理资源集中于重要的"少数"而非不重要的"多数"。即将企业的各项材料年度需用量按货币占用量分为 A、B、C 三类，A 类材料是品种占库存总数的 15%，但资金却占到年度资金总数的 70% ~ 80% 的高价值材料；B 类材料是品种占库存总数的 30%，资金占到年度资金总数的 15% ~ 25% 的一般材料；C 类材料是品种占库存总数的 55%，但资金却只占到年度资金总数的 5% 的低价值材料。

企业通常视自己的管理水平及材料的市场供应特点，将 A 类或 A、B 两类材料进行统一采购，将 C 类材料由项目部分散采购；或全部材料由各项目部分散采购，而对 A 类或 A、B 两类材料进行更为严格的管理程序。ABC 分类控制方法：对 C 类存货的供应商建立战略合作伙伴关系；对 B 类存货的现场控制应更严格，实施动态盘点；对 A 类存货尽量少批量、多批次采购；预测 A 类存货及市场供求趋势比其他类材料花费更多精力；对 C 类存货适当加大进货批量，减少进货次数；对 B 类存货给予一般控制。

（2）材料采购方式。

1）招标采购。对于消耗量大或A类、B类材料，需要采用招标的方式来选择最优供应商。所谓招标、投标，是指招标人事先提出货物、工程或服务采购的条件和要求，邀请众多投标人参加投标，并按照规定程序从中选择交易对象的一种市场交易行为。从采购交易过程来看，它必然包括招标和投标两个最基本的环节，前者是招标人以一定的方式邀请不特定或一定数量的自然人、法人或其他组织投标，后者是投标人响应招标人的要求参加投标竞争。招标投标所具有的程序规范、透明度、公平竞争、一次成交等特点，实现了材料采购成本低、效率高、加强对采购人员行为约束等目标。

招投标的分类，一般分为三类。

第一，公开招标。公开招标是采购方在报纸、互联网或其他媒介上公开发出招标公告，吸引不特定的供应商来参加投标竞争，从中择优选择供应商的招标方式。在招标中必须公开其招标的有关规范内容，包括投标手续、报价方式、交货期、运输办法、检验标准等。凡是符合资格规定的供应商均可参加公开竞标，并且以当众开标为原则，符合各项规定的报价最低的供应商优先赢得竞标。

第二，邀请招标。邀请招标也称有限竞争性招标或选择性招标，即由招标单位以投标邀请书的方式，邀请一定数目的供应商参加招标竞争的招标方式。一般情况下，选择的投标人不得少于三个，具体数量视招标项目的规模大小而定。

第三，议标。也称谈判招标或限制性招标，即通过谈判来确定中标者。主要有：①直接邀请议标，即选择中标单位不是通过公开或邀请招标，而是由招标人直接邀请某一企业进行单独协商，达成协议后签订采购合同，如果与一家协商不成，可以邀请另一家，直到协议达成为止。②比价议标。"比价"是兼有邀请招标和协商特点的一种招标方式，一般用于规模不大或内容简单的货物采购。一般是由招标人将采购的有关要求送交选定的几家企业，要求它们在约定的时间提出报价，对其经过分析比较，选择报价合理的企业，就质量、付款条件、交货日期等细节进行协商，从而达成协议，签订合同。

2）市场采购。市场采购即从社会材料经销部门、物资贸易中心、材料市场等地购买工程所需要的各种材料。由于材料生产分散，经营网点多，质量、价格不统一，采购成本不易控制和比较，采购的工作量大，受社会经济状况影响，资源价格波动较大。

3）联营采购。对于消耗量大而需求稳定的材料，企业可以与生产厂家共同出资联营生产、包销部分产品，从而使企业不但拥有稳定的货源，还通过后向一体化实现了新的利润增长点。

4）租赁。对于工具、用具、周转材料等投资较大、使用频率不太高或者较难保存和维护的材料，可与租赁公司签订租赁合同，支付一定租金后取得材料的使用权。这种方式的优点是短期内投资小、降低材料采购风险，长期时材料采购成本较大。

2. 材料采购的合同管理

（1）采购合同的内容。采购合同的内容是明确采购合同当事人之间权利和义务的根据，虽然每个合同的具体内容不同，但主要包括以下条款：

1）合同双方的名称、住所及联系方式。

2）货物的价格、品种、规格和数量。

3）质量和包装说明。

4）交货的时间和地点。

5）验收方法及标准。

6）货款的结算方式。

7）违约责任。

8）争议解决办法。

（2）采购合同的管理。采购合同的管理工作包括以下主要内容：

1）将合同分类存档。签订合同之前应认真核对企业的材料需求计划及采购计划，签订完材料采购合同后，所签订的合同应该一式四份，分别送交业务部门作为合同执行的依据、交财务部门作为结算货款依据、交储运部门作为入库检验依据，另一份按合同分类装订成册进行保管以备查阅。分类保管合同的方法有两种：

第一，以产品的品名分类编制合同登记表，在表内列出建筑材料名称、规格、型号、数量、单价、交货日期、供货单位、合同号、合同执行情况（已交货数量）等内容。这种分类方法适用于一种材料有多种型号规格或多家供应单位，便于及时掌握多个材料采购合同的执行情况。

第二，以供货单位名称分类建立登记表，对同一个供货单位在不同时段所签订合同的执行情况有明确记录，适用于企业采购的材料品种少、数量大且供货商比较稳定的情况。

2）合同执行情况的检查。检查材料采购合同的执行情况是非常重要的环节，它是避免认真签订合同、草率落实合同的重要措施。一般采用定期（如每月、每季、半年或一年等）统计汇总形式，来全面、综合地反映各项采购合同的执行情况。检查内容包括合同所签订材料的品种、规格、质量、数量、交货日期、财务结算、应交未交等。在检查中发现合同未能全部执行的，应立即找出原因并采取有效措施，促使合同执行。

3）合同的变更和解除。合同的变更是指在合同签订之后且尚未完全履行之前，对合同的内容进行增加、减少、修改。合同的解除是指对已经签订的合同提前废止。一方要求变更或解除合同时，应及时以书面形式通知对方，新协议未达成之前，原合同仍然有效。因变更或解除合同使一方遭受损失的，除依法可以免除责任的之外，应由责任方负责赔偿。采购合同订立后，不得因承办人或法定代表人的变更而变更或解除。

4）合同纠纷的调解和仲裁。采购合同发生纠纷，当事人应及时协商解决；协商不成的，任何一方均可向国家规定的合同管理机关申请调解或仲裁，也可直接向人民法院起诉。申请单位必须在其权利受到侵害之日起一年内，以书面形式向仲裁机关提出申请，具体写明合同纠纷及其主要问题，提出自己的要求，同时附有原合同有关证明材料的正本或复制本。超过一年期限的，一般不予受理。若调解不成，由双方当事人参加裁决，并做出裁决书。一方或双方对仲裁不服或事后反悔的，可以在收到仲裁决定书之日起15日内向人民法院起诉，期满不起诉的，裁决即具有法律效力。由仲裁机关督促执行并在当事人拒绝执行时，通知开户银行划拨材料款或赔偿金。

3. 材料采购的资金管理

材料采购过程即材料占用企业流动资金的运转过程。材料占用的流动资金运用情况从一个方面决定了企业经济效益的优劣。管好材料采购资金，可以提高经济效益。编制材料采购计划的同时必须编制相应的资金计划，采购资金管理方法根据企业采购分工的不同而有所不同。

（1）品种采购量管理法。品种采购量管理法按照每个采购员的业务分工，分别确定一个时期内采购材料实物数量指标及相应的资金指标，适用于分工明确、采购任务量确定的企业；同时适用于实行项目自行采购资金的管理和专业材料采购资金的管理，可以有效地控制项目采购支出，管好、用好专业材料。

（2）采购金额管理法。采购金额管理法是确定一定时期内的采购总金额和各阶段采购所需资金，采购部门根据资金情况安排采购项目及采购量。对于资金紧张的项目可以合理安排采购任务，按照企业资金总体计划分期采购。这种方法确保了企业在有限的资金情况下，还能保证材料的及时采购、供给。

（3）费用指标管理法。费用指标管理法是确定一定时期内材料采购资金中的成本费用指标，如采购成本降低额或降低率，用以考核和控制采购资金使用。此法适用于分工明确、采购任务量确定的材料采购，它可以鼓励采购人员负责完成采购业务的同时，注意对采购资金的合理使用，降低采购成本，提高经济效益。

第三节 建筑材料管理系统的设计应用

"现代建筑工程的建设规模和建设数量越来越大，其中涉及的建筑材料丰富多样，因此这方面管理工作的复杂程度也随之提升。但是在建筑施工环节做好材料管理是保障整个工程项目顺利高效推进的关键，为此必须从思想意识层面重视施工材料管理，结合施工项目，提升管理工作的针对性。" ①

一、建筑材料系统功能模块设计

建筑材料管理系统包括多个功能模块，每个模块又有若干个子模块，其内部数据处理逻辑十分庞杂。由于篇幅有限，这里只对计划管理功能模块的设计进行举例说明。

（一）计划管理功能模块设计

计划管理功能模块包括需用计划管理、需用计划核定、需用计划平衡、采购任务维护、采购任务审核、采购任务打印、采购任务跟踪、需用计划变更管理、需用变更审核9个模块。

计划管理是从需用计划编制开始，需用计划编制是根据系统中的库存数量和施工部提报的临时计划进行编制，在系统结账后根据材料的消耗数量和库存情况等因素运行月度材料需用计划程序来自动生成下个月需用计划。对临时计划的处理是依据施工部所提报的临时需用计划表由计划员手工添加到追加计划中。所有计划编制完，经采购员核定后，进行平衡形成采购计划，由计划科长审核后下发给采购员执行采购。

计划管理之间的模块是相互关联的，各个模块又分为若干个子模块。计划管理对应的上层模块是系统主界面，对应的下层模块是需用计划管理、需用计划核定、计划平衡维护、采购任务维护。下层模块和更下层的模块也是相互关联的，上层模块的数据来源是依据基础数据管理的数据和下层模块所输入的信息数据。需用计划管理上层对应计划管理，下层对应年度、月度需用计划维护；年度、月度需用计划管理维护上层对应需用计划管理，下层对应年度、月度需用计划概要信息维护和年度、月度需用计划明细维护；需用计划核定上层对应计划管理，下层对应年度、月度需用计划核定；计划平衡维护上层对应计划管理，下层对应年度、月度需用计划汇总和平衡；采购任务维护上层对应计划管理，下层对应年度、月度采购任务维护；采购任务审核上层对应计划管理，下层对应年度、月度

---

① 王金平. 加强建筑施工过程中建筑材料管理的具体策略分析 [J]. 四川水泥，2021（7）：107-108.

采购任务审核。

（二）月度需用计划功能模块设计

月度需用计划主要是对施工单位每个月提交的材料需用计划明细的维护。月度需用计划的编制是由计划员进入月度需用计划模块，在该模块中根据计划类别、申请单位和计划类型的情况分别进行填写后，点击添加月度材料需用计划按钮进入月度材料需用计划编制模块。在月度材料需用计划编制模块中输入申请单位并点击保存返回到系统界面，同时系统自动生成计划编号和将输入的信息填写到相应的栏目中。在材料明细内容中点击材料明细后进入材料需用明细模块，在材料需用明细模块中将技术标准号、申请数量、使用去向等填写完之后按保存键，系统将所有数据带进材料需用计划编制模块中。这样就完成了整个月度材料需用计划的编制。

在设计该模块时，使用模块所支持的关系图来定义信息结构。结构关联图勾画出每个模块的范围，产生、控制和使用的数据，模块与模块的关系，对给定过程的支持，以及模块间的数据共享。建筑材料管理系统的结构非常复杂，下面以计划管理功能模块为例进行分析，通过分析可以了解系统的基本结构。

（1）月度需用计划管理功能模块的结构关联。月度需用计划管理功能模块数据库包括多个数据表，有月度计划平衡表、施工单位信息表、材料属性信息表、需用计划表、月度需用计划汇总表、需用计划明细表、计划分配数据表、交货地点安排表和交货时间安排表等。各个数据表是相互关联的，在系统设计时，要了解其相互关联的关系并绘制其结构关联图，以便在编写程序时掌握其逻辑关系。

材料属性信息表和施工单位信息表属于基础数据模块中的数据表，月度计划平衡表、需用计划表、需用计划明细、月度需用计划汇总、计划分配数据表、交货地点安排数、交货时间安排数属于计划管理中的数据表。在计划编制中，通过添加月度材料需用计划按钮，调用需用计划表，由操作人员填写计划类别、申请单位、申请时间，同时调用基础数据模块中的有关信息加入需用计划表中，系统自动生成一个计划编号后，调用材料明细表的信息到该表中，同时在需用明细表中填写技术标准、申请数量、使用去向等，保存后形成月度需用计划表。

在设计数据库时，除数据流图外，还采用一些规范表对数据分析的结果描述做补充描述。一般有数据清单（数据元素表）、业务活动清单（事务处理表）等。下面是对月度需用计划明细表的分析。数据结构表包括字段名称、标识定义、类型、长度、小数、键标等。这个表是建立数据结构的基础，有了这个表就可以进行数据的结构设计和编程。

（2）月度需用计划管理增加、删除、修改、查找、浏览等功能来实现。在设计完数据表结构后，要进行应用程序的开发，通过应用程序的开发来访问数据表，将有关信息通过人工输入传递到数据表并进行加工、计算等。在系统中增加、删除、修改、查找、浏览等功能是业务人员操作计算机的基本功能。

（3）月度需用计划明细输入设计。系统界面的输入设计也是很重要的，月度需用计划明细输入设计包括输入项目、标识，输入类型、格式，输入方式，输入项目来源和输入字体等。

（4）月度需用计划明细输出设计。月度需用计划明细的输出是根据业务人员的输入条件生成用户需用的信息，以报表的形式出现在计算机屏幕上。

二、建筑材料系统物资编码设计

（一）物资编码原则

信息分类编码必须做到使事物名称和术语含义统一化、规范化，并确立代码与事物或概念之间的一一对应关系，以保证信息的可靠性及准确性。信息分类编码标准体系由基础信息、综合信息和信息描述三部分组成。基础信息标准通常是指现代化管理中的一些管理标准。综合信息标准是指反映企业特征的人员组织、物资、财务、质量、生产和经营管理等内容的标准。信息描述标准是指在应用软件开发过程中涉及的文件命名、站点地址等内容的标准。

在实际编码过程中，要遵循信息分类编码的基本原则。在设计建筑材料管理系统时，根据多年的物资管理及计算机编码管理的工作经验，确定编码的原则包括：唯一性，每一个编码对象仅有一个赋予它的唯一代码；实用性，应充分考虑建筑公司内外的实际需求；可扩展性，编码结构应适应编码对象不断增加的需求；稳定性，编码不宜频繁变动，应保持代码系统的相对稳定；可操作性，方便业务人员的操作，减少机器处理时间。

（二）物资编码结构

信息分类编码的设计标准通常有国标、部标。在编码过程中有国标、部标的按照国标、部标执行，无国标、部标的可以由企业自行定义标准。在建筑材料管理系统编码设计中根据三种信息分类编码标准体系和编码的确定原则，并结合 Intranet 的具体情况分别建立了全局共享、局域共享和各模块专用的三种分类编码。全局共享的编码有物资编码、供应商编码、组织机构编码等。局部共享的编码有仓库编码、业务类型编码等。各模块专用的编码有计划编码、合同编码、收入单据编码、发出单据编码等。所有的编码产生形式分两类，一类是采用人工编码，另一类则是由系统根据一定的规则产生。全局共享和局部共享的编码一般是由人工编码，模块专用的编码一般是由系统自动产生。

下面分别详细地介绍材料编码、需用计划编码、采购计划编码、合同编码、供应商编码和仓库编码这六大类的编码结构。

（1）材料编码。字段总长为8位，第1位代表大类，前2位代表小类，前4位代表小类中的子类，后4位代表具体的规格和型号。如：A1010302代表是金属材料的钢材类的小型等边角钢。具体含义包括：A——金属材料；A1——钢材；A101——小型等边角钢；A1010301——材质为 Q235 中 20×20×3 的小型等边角钢。

（2）需用计划编码。需用计划编码分为年度需用计划和月度需用计划。年度需用计划总长 13 位，第 1 位为计划类别，第 2 位至第 6 位为客户编码，第 7 位至第 10 位为系统时间的年号，第 11 位至第 13 位为计划序号。月度需用计划总长 17 位，第 1 位为计划类别，第 2 位至第 6 位为客户编码，第 7 位至第 14 位为系统时间的年月日，第 15 位至第 17 位为计划序号。如计划编码中 JB133220040907004 代表的是 2004 年 9 月 7 日工程二部提报第 4 笔材料计划。具体含义包括：J——计划编码；B1332——工程二部的组织机构编码；20040907——计划生成日期是 2004 年 9 月 7 日；004——该工程部当天提报的第 4 笔计划。又如领料单编码也是依据一定的规则由系统自动产生。如：2004 年 10 月 21 日从直拨库发出材料的领料单为 20041021157776038。具体含义包括：20041021——输入日期；15——耗料单；777——库存地；6038——单据序号。

由于有模块专用的分类编码，在操作系统进行查询单据时，操作员就能很方便地识别编码含义并通过编码进行查询、修改、删除等操作。通常保管员在发料时，由于工作量较大或其他原因，会在发料中出现将领料单据或领料单位输入错误的可能。这里可以通过系统中"领料单订正"专用程序来处理，由专门的人员修改领料单的编码，就可以更正领料单类别和领料单位。如将 2004 年 10 月 21 日从直拨库发出材料的领料单改为内销单，只需将 20041021157776038 编码中的 15 改为 12 即可。

（3）采购计划编码。分为年度采购计划和月度采购计划。年度采购计划编码总长为 12 位。第 1 位至第 8 位为物资编码，第 9 位至第 12 位为系统当前时间的年号。月度采购计划编码总长为 16 位，第 1 位至第 8 位为物资编码，第 9 位至第 16 位为系统当前时间的年月日。

（4）合同编码。合同分为采购合同和项目合同，采购合同代号为 CG，项目合同代号为 XM。合同编码总长为 11 位，其结构为前 2 位为合同代号，第 3 位至第 8 位为系统时间的年月日，后 3 位为合同序号。

（5）供应商编码。供应商编码总长为 5 位，第 1 位为物资编码大类，后 4 位为序号。

（6）仓库编码。仓库编码总长为 3 位，第 1 位为区号，后 2 位为序号。

第五章 建筑装饰材料及其实践应用

建筑装饰材料是集工艺、造型设计、美学于一身的材料,是建筑装饰工程的重要物质基础。本章探究建筑装饰材料及其发展趋势、建筑装饰金属与陶瓷材料、建筑装饰材料的实践应用。

第一节 建筑装饰材料及其发展趋势

一、建筑装饰材料的功能体现

"近年来,随着国内建筑业发展,出现了一些新材料、新设备、新技术,这给建筑业带来更大发展机遇,在当前建筑业发展新形势下,建筑装饰设计对建筑物使用更加重要。"[①]建筑装饰材料,又称建筑饰面材料,是指铺设或涂装在建筑物表面起装饰和美化环境作用的材料。建筑装饰的整体效果和建筑装饰功能的实现,在一定程度上受到建筑装饰材料的制约,尤其受到装饰材料的光泽、质地、质感、图案、花纹等装饰特性的影响。因此,只有熟悉各种装饰材料的性能、特点及其使用环境条件等,才能合理地选用装饰材料,做到"材尽其能、物尽其用",更好地表达设计意图,并与室内其他配套产品一起体现建筑装饰的美感。

建筑装饰材料一般用在建筑物表面,以美化建筑物和环境,也起保护建筑物的作用。另外,建筑装饰材料还有其他功能,如防火、保温、隔热、隔音、防潮等。建筑装饰材料的功能主要体现在以下几个方面。

(一)装饰外观功能

建筑物的外观效果主要通过建筑物的总体设计的造型、比例、虚实对比、线条等平面、立面的设计手法来体现,而内外墙装饰效果则是通过装饰材料的质感、色彩和线条来表现的。

质感就是材料表面质地带给人的感觉,是通过材料表面的疏密程度、光滑程度、线条变化以及对光线的吸收、反射强弱等产生的观感(心理)上的不同效果。例如,坚硬且表面光滑的花岗岩、大理石表现出严肃、有力量、整洁之感;富有弹性且松软的地毯及纺织品则给人以柔顺、温暖、舒适之感;表面光滑如镜的不锈钢钛合金板具有金闪闪、灵动秀丽而富贵的感觉,等等。质感不仅与材质有关,还与材料的加工和施工方法有关。如同样是花岗石板材,剁斧板表面粗糙厚重,而磨光镜面板则光滑细腻;再如装饰砂浆经拉条处

---

① 罗薇薇. 新型建筑装饰材料在现代建筑中的应用 [J]. 陶瓷,2021(6):145-146.

理或剁斧加工后其质感不同，前者有类似饰面砖的质感，后者有类似花岗岩的质感。此外，饰面的质感效果还与具体建筑物的体形、体量、立面风格等方面密切相关。粗犷有质感的饰面材料及做法用于体量小、立面造型比较纤细的建筑物就不一定合适，而用于体量比较大的建筑物效果就好些。

色彩是构成建筑物外观乃至影响周围环境的重要因素，不同的色彩给人的感觉也不尽相同。例如，白色或浅色会给人以明快、清新之感；深色使人感到稳重、端庄；暖色（如红、橙、黄等颜色）使人联想到太阳和火，给人以热烈、奔放之感；冷色（如蓝、绿等颜色）使人联想到大海、蓝天和森林，给人以宁静、安逸之感。所以，装饰材料的色彩不同，所产生的装饰效果差异很大。

线形是由立面装饰形成的分格缝与凹凸线条构成的装饰效果（如釉面砖），也可通过仿照其他材料来体现线型，如壁纸中的仿木纹、纺织物纹等。

（二）结构保护功能

建筑物在长期使用过程中，会受到日晒、雨淋、风吹、冰冻等，也会受到腐蚀性气体和微生物的侵蚀，出现粉化、开裂甚至脱落等现象，影响建筑物的耐久性。选用适当的建筑装饰材料对建筑物表面进行装饰，不仅能对建筑物起到良好的装饰作用，而且能有效地提高建筑物的耐久性，从而降低维修费用。

（三）改善室内环境功能

为了保证人们有良好的生活、工作环境，室内环境必须清洁、明亮、安静，而装饰材料自身具备的声、光、电、热性能可带来吸声、隔热、保温、隔音、反光、透气等物理性能，从而改善室内环境条件。例如，通过对光线的反射使远离窗口的墙面、地面不至太暗；吸热玻璃、热反射玻璃可吸收或反射太阳辐射热能，以起隔热作用；化纤地毯、纯毛地毯具有保温、隔音的功能；等等。这些物理性能使装饰材料在装饰美化环境、居室的同时，还可以改善我们的生活、工作环境，满足使用要求。

二、建筑装饰材料的方向选择

建筑装饰材料的选择应从材料的功能性、地区性、观感性、经济性等方面来考虑。

（1）满足使用功能。在选用装饰材料时，装饰材料应满足与环境相适应的使用功能。对于外墙应选用耐大气侵蚀、不易褪色、不易沾污、不泛霜的材料；对于地面应选用耐磨性、耐水性好，且不易玷污的材料。对于厨房、卫生间应选用耐水性、抗渗性好，且不发霉、易于擦洗的材料。

（2）满足装饰效果。装饰材料的色彩、光泽、形体、质感和花纹图案等属性都影响装饰效果，特别是装饰材料的色彩对装饰效果的影响非常明显。因此，在选用装饰材料时要合理应用色彩，给人以舒适的感觉。

（3）满足安全性。在选用装饰材料时，要妥善处理装饰效果和使用安全之间的矛盾，要优先选用环保型材料和不燃或难燃等安全型材料，尽量避免选用在使用过程中感觉不安全或易发生火灾等事故的材料，努力给人们创造一个美观、安全、舒适的环境。

（4）有利于人们的身心健康。建筑空间环境是人们活动的场所，进行建筑装饰可以美化生活、愉悦身心、改善生活质量。建筑空间环境的质量直接影响人们的身心健康，在选用装饰材料时应注意：①尽量选用天然的装饰材料；②选择色彩明快的装饰材料；③选择不易挥发出有害气体的装饰材料；④选用保温、隔热、吸声、隔音的装饰材料。

（5）满足耐久性。不同功能的建筑及不同的装修档次，对所采用的装饰材料耐久性要求也不一样。尤其是新型装饰材料层出不穷，人们的物质精神生活要求也逐步提高，很多装饰材料都有流行趋势。有的建筑装修使用年限较短，要求所用的装饰材料耐用年限不一定很长；但有的建筑要求其装饰材料耐用年限很长，如纪念性建筑物等。

（6）满足经济性。一般装饰工程的造价往往占建筑工程总造价的 30% ~ 50%，个别装修要求较高的工程总造价的 60% ~ 65%。因此，装饰材料的选择应考虑经济性。原则上应根据使用要求和装饰等级，恰当地选择材料；在不影响装饰工程质量的前提下，尽量选用优质、价廉的材料；还应选用工效高、安装简便的材料，以降低工程费用。另外在选用装饰材料时，不但要考虑一次性投资，还应考虑日后的维修费用，有时在关键性问题上，可适当加大一次性投资，以延长使用年限，从而达到总体上经济实惠的目的。

（7）便于施工。在选用装饰材料时，尽量做到构造简单、施工方便。这样既缩短了工期，又节约了开支，还为建筑物提前发挥效益提供了可能。应尽量避免选用有大量湿作业、工序复杂、加工困难的材料。

三、建筑装饰材料的发展趋势

随着经济的快速发展，房地产市场日益火爆，装饰材料市场普遍多元化，从而推动了建筑装饰业的全面发展。随着我国房地产业和装饰行业的快速发展，市场对建筑装饰材料的需求持续增长，建筑装饰装修材料业处在黄金发展时期，然而建筑耗能问题也随之呈现，促使我国建筑装饰装修材料业呈现出生态化、部品化、智能化、多功能及复合型四大发展方向。

（一）生态化发展方向

生态建筑装饰材料是指那些能够满足生态建筑需要，且自身在制造、使用过程以及废弃物处理等环节中对地球环境污染负荷最小，并有利于人类健康的材料。凡同时符合或具备下列要求和特征的建筑装饰材料产品称为生态建筑装饰材料：

（1）质量符合或优于相应产品的国家标准。

（2）采用国家规定允许使用的原料、材料、燃料或再生资源。

（3）在生产过程中排出废气、废液、废渣、尘埃的数量和成分达到或少于国家规定允许的排放标准。

（4）在使用时达到国家规定的无毒、无害标准，并在组合成建筑部品时不会引发污染和安全隐患。

（5）在失效或废弃时，对人体、大气、水质和土壤的影响符合或低于国家环保标准允许的指标规定。

建筑装饰材料生产业是资源消耗性很高的行业，需要大量使用木材、石材以及其他矿藏资源等天然材料、化工材料、金属材料。消耗这些原材料对生态环境和地球资源都会有重要的影响。节约原材料已成为国家重要的技术经济政策。

环保性能是对生态建筑装饰材料的基本要求，健康性能是建筑物使用价值的一个重要因素，含有放射性物质的产品以及含有甲醛、芳香烃等有机挥发性物质的产品对环境和人体健康构成主要威胁，已经引起各方面的高度关注，国家对此也制定了严格的标准，许多产品都纳入 3C 认证。抗菌材料、空气净化材料是室内环境健康所必需的材料。以纳米技术为代表的光催化技术是解决室内空气污染的关键技术。目前具有空气净化作用的涂料、地板、壁纸等开始在市场上出现。它们代表了建筑装饰材料的发展方向，不仅解决甲醛、挥发性有机化合物等对空气的污染，而且还解决人体自身的排泄物和分泌物带来的室内环境问题。

（二）部品化发展方向

住宅由住宅部品组合构建而成，而住宅部品由建筑装饰材料、制品、产品、零配件等原材料组合而成；部品是在工厂内生产的产品，是系统集成和技术配套的整体部件，通过现场组装做到工期短、质量好。住宅作为一个商品，它的生产制造不同于一般的商品。它不是在工厂里直接生产加工制作而成，而是在施工现场搭建而成，因此住宅部品化的水平高低，直接影响到住宅建造的效率和质量。住宅部品化促进了产品的系统配套与组合技术的系统集成。部品的工业化生产，使现场安装简单易行。住宅部品化推动了产业化和工业化水平的提高，不仅提高了住宅建造效率，也大幅提高了住宅的品质。部品化发展已取得一定成绩，如家庭用楼梯、浴室中的整体淋浴房、整体厨房等，都是部品化发展的具体体现。

以整体淋浴房为例，顾名思义，其是指将玻璃隔断、底盘、浴霸、浴缸、淋浴器及各式挂件等淋浴房用具进行系统搭配而组成的一种新型淋浴房形式。整体淋浴房按使用要求合理布局、巧妙搭配，实现淋浴房用具一体化以及布局和功能一体化。在这个水、电、电器扎堆的"弹丸之地"，为全面发挥其功能并解决好建筑业与制造业的脱节问题，有关方面已经制定和正在制定一系列技术标准，这将有力地加快部品化发展进程。

（三）智能化发展方向

将材料和产品的加工制造与以微电子技术为主体的高科技衔接，从而实现对材料及产品的各种功能的可控和可调，有可能成为装饰材料及产品的新的发展方向。"智能家居"从昨天的概念诞生到今天的产品问世，科技的飞速进步让一切都变得可能。"智能家居"可涉及照明控制系统、家居安防系统、电器控制系统、互联网远程监控、电话远程控制、网络视频监控、室内无线遥控等多个方面，有了这些技术的应用，人们可以轻松地实现全自动化的家居生活，让人们更深入地体味生活的乐趣。例如，电子雾化玻璃（雾化玻璃属建筑装饰特种玻璃）是将新型液晶材料附着于玻璃、薄膜等基础材料上，运用电路和控制技术制成的调光玻璃产品。该材料可通过控制电流变化来控制玻璃颜色深浅程度及调节阳光照入室内的强度，使室内光线柔和、舒适宜人，又不失透光。电子雾化玻璃断电时模糊，通电时清晰，由模糊到清晰的响应速度根据需要可以达到千分之一秒级。该材料在建筑物门窗上使用，不仅有透光率变换自如的功能，而且在建筑物门窗上占用空间极小，省去了设置窗帘的机构和空间，制成的窗玻璃相当于安装了电控窗帘，能自如方便使用。这种雾化玻璃在建筑装饰行业中可以用于高档宾馆、别墅、写字楼、办公室、浴室门窗、淋浴房、厨房门窗、玻璃幕墙、温室等。该种雾化玻璃既有良好的采光功能和视线遮蔽功能，又具有一定的节能性和色彩缤纷、绚丽的装饰效果，是普通透明玻璃或着色玻璃无法比拟的真正的智能化材料，具有无限宽广的应用前景。

（四）多功能、复合型发展方向

当前，对建筑装饰材料的功能要求越来越高，不仅要求其具有精美的装饰性、良好的使用性，而且要求其具有环保、安全、施工方便、易维护等特点。市场上许多产品功能单一，远不能满足消费者的综合要求。因此，采用复合技术发展多功能复合型建筑装饰材料已成定式。

复合型建筑装饰材料就是由两种以上在物理和化学方面具有不同性能的材料复合起来的一种多相建筑装饰材料，即把两种以上单体材料的突出优点统一在一种材料上，使其具有多种功能。因此，复合材料是建筑装饰材料发展的方向。许多科学家预言，21世纪将是复合材料的时代。例如，大理石陶瓷复合板是由厚3～5mm的天然大理石薄板，通过高强抗渗黏结剂与厚5～8mm的高强陶瓷基材板复合而成的。其抗折强度大大高于大理石，具有强度高、质量轻、易安装等特点，且保持了天然大理石典雅、高贵的装饰效果，还能有效利用天然石材，减少石材开采，保护资源和环境等。又如，复合丽晶石产品是由高强度透明玻璃做面层，高分子材料做底层，经复合而成，目前有钻石、珍珠、金龙、银龙、富贵竹、水波纹、甲骨文、树皮、浮雕面等九个系列和100多个花色品种。复合丽晶石具有立体感强、装饰效果独特、吸水、抗污、抑菌、易于清洁等特点，适用于室内墙面、地面装饰，也可用于建筑门窗及屏风。

第二节　建筑装饰金属与陶瓷材料

一、建筑装饰金属材料

金属材料是指一种或两种以上的金属元素或金属元素与非金属元素组成的合金材料的总称。金属材料通常分为两大类：一类是黑色金属材料，其基本成分为铁及其合金，如钢和铁；另一类是有色金属材料，是除铁以外的其他金属及其合金的总称，如铝、铜、铅、锌、锡等及其合金。

金属材料最大特点是色泽效果，如不锈钢、铝合金具有明显的时代感，铜和铜合金具有华丽、优雅、古典的特色等。此外，金属材料还具有韧性大、经久耐用、保养维护容易等特点，因此被广泛应用到各种建筑装饰工程中。

（一）建筑装饰钢材及其制品

1. 建筑装饰钢材

钢材是以铁为主要元素，含有 2% 以下的碳元素，并含有少量的硅、锰、硫、磷、氧等元素的材料。钢材是将生铁在炼钢炉中进行冶炼，然后浇注成钢锭，再经过轧制、锻压、拉拔等压力工艺制成。建筑装饰钢材是钢材中的主要组成部分，是建筑装饰工程中应用最广泛、最主要的材料之一。

（1）建筑装饰钢材的性能特点和应用。钢材具有许多优良的性能：一是材质均匀，性能可靠；二是强度高，塑性和冲击韧性好，可承受各种性质的荷载；三是加工性能好，可通过焊接和螺钉连接的方法制成各种形状的构件。钢材的缺点是易锈蚀、耐火性差、维修费用大。

建筑装饰钢材是指用于建筑装饰工程中的各种钢材，如用于建筑装饰工程中的不锈钢及其制品、轻钢龙骨、各类装饰钢板等；钢材更被广泛应用于建筑工程中，如作为结构材料以及钢筋混凝土中的钢筋、钢结构中的各类型钢等。

（2）建筑装饰钢材的技术性能。

1）钢材的冲击韧性。钢材的冲击韧性是指钢材抵抗冲击荷载作用而不被破坏的能力。试验表明，钢材中的磷、硫含量较高，化学成分不均匀，含有非金属夹杂物以及焊接中形成的微裂纹等都会使冲击韧性显著降低。冲击韧性还随着温度的降低而下降，其变化规律为：开始时下降比较缓和，而当温度降低到一定程度时，冲击韧性急剧下降而使钢材呈脆性断裂，这一现象我们称为低温冷脆性，这时的温度称为脆性临界温度。脆性临界温度越低，说明钢材的低温冲击韧性越好。除此之外，钢材的冲击韧性还与冶炼方法、冷作及时效、组织状态等有关。

2）钢材的冷弯性能。钢材的冷弯性能是指钢材在常温下承受弯曲变形的能力。衡量钢材冷弯性能的指标有两个：一个是试件的弯曲角度，另一个是弯心直径与试件的厚度（或直径）的比值。钢材的弯曲角度越大，弯心直径与钢材厚度（或直径）的比值越小，表示钢材的冷弯性能越好。在钢材的技术标准中，对钢材的冷弯性能有明确规定，通过按规定的弯曲角度和弯曲直径对试件进行试验，如试件弯曲后，试件弯曲处均不发生起层、裂纹及断裂现象，则认为该钢材冷弯性能合格，否则为不合格。

钢材的冷弯性能和伸长率一样反映钢的塑性变形，不过冷弯试验是一种更严格的质量检测，能检测出钢材是否存在内部不均匀、内应力和夹杂物等缺陷。总之，通过对钢材的冷弯试验，能检测出钢材在受弯表面存在的未融合、微裂缝和夹杂物等缺陷。

3）钢材的焊接性能。在建筑工程中，各种型钢、钢板、钢筋及预埋件等需用焊接加工。钢结构有90%以上是焊接结构。焊接的质量取决于焊接工艺、焊接材料及钢铁焊接性能。钢材的焊接性是指钢材是否适应一般的焊接方法与工艺的性能。焊接性好的钢材指用一般焊接方法和工艺施焊，焊口处不易形成裂纹、气孔、夹渣等缺陷；焊接后钢材的力学性能，特别是强度不低于原有钢材，硬脆性倾向小。钢材焊接性的好坏，主要取决于钢材化学成分，含碳量高将增加焊接接头的硬脆性，含碳量小于0.25%的碳素钢具有良好的焊接性。

2. 建筑装饰钢材制品

金属材料独特的光泽和装饰效果，使它深受人们的欢迎，在现代建筑装饰工程中应用越来越广泛。目前，建筑装饰工程中常用的钢材制品种类很多，主要有不锈钢制品、彩色不锈钢板、彩色涂层钢板、彩色压型钢板、搪瓷装饰板和轻钢龙骨等。

（1）普通不锈钢。

1）普通不锈钢的特性。普通钢材在一定介质的侵蚀下容易生锈。钢材被锈蚀后不仅降低了钢材的强度、韧性、塑性等性能，还造成大量的浪费。据有关资料统计，每年全世界有上千万吨钢材因遭到锈蚀而被破坏。钢材的锈蚀有两种形式：一是化学腐蚀，二是电化学腐蚀。钢材在大气中的锈蚀是化学锈蚀和电化学锈蚀共同作用所致，但以电化学锈蚀为主。

为了防止钢材锈蚀，在钢中加入适量的铬元素，使其耐蚀性大大提高，不锈钢就是在钢中加入铬合金的合金钢。不锈钢中铬含量越高，钢材的抗腐蚀性越好。不锈钢中除含铬外，还含有镍、锰、钛、硅等元素，这些元素都能影响不锈钢的强度、塑性、韧性等性能。

2）普通不锈钢的分类。不锈钢按其化学成分不同可分为铬不锈钢、铬镍不锈钢、高碳低铬不锈钢等；按不同耐腐蚀的特点又可分为普通不锈钢（耐大气和水蒸气侵蚀）和耐酸不锈钢（除对大气和水有抗蚀能力外，还对某些化学介质如酸、碱、盐具有良好的抗蚀性）两类；按光泽度不同可分为亚光不锈钢和镜面不锈钢。

3）普通不锈钢制品及应用。目前，我国生产的普通不锈钢产品有 40 多种，建筑装饰用的不锈钢主要有 Crl8Ni8、Crl7Mn2Ti 等几种。在建筑装饰工程中，所用的普通不锈钢制品主要有薄钢板、各种型材和管材及各种异型材，其中应用最广泛的是厚度小于 2mm 的不锈钢薄钢板。

不锈钢除了具有普通钢材的性质外，还具有极好的抗腐蚀性和表面光泽度。不锈钢表面经加工后，可获得镜面般光亮平滑的效果，光反射比在 90% 以上，具有良好的装饰性，是极富现代气息的装饰材料。故普通不锈钢被广泛用于大型商场、宾馆、餐厅等的大厅、入口、门厅、中庭等处的墙柱面装饰。尤其用不锈钢包柱，其镜面反射作用与周围环境中的色彩、景物能够形成交相辉映的效果，同时在灯光的配合下，还可形成晶莹明亮的高光部分，对空间环境的效果起到强化、点缀和烘托的作用。此外，普通不锈钢板还可用于对电梯门及门贴脸、各种装饰压条、隔墙、幕墙、屋面等的装饰。不锈钢管可制成栏杆、扶手、吊杆、隔离栅栏和旗杆等。不锈钢型材可用于制作柜台、各种压边等。

（2）彩色不锈钢板。彩色不锈钢板是在普通不锈钢板的基面上，用化学镀膜的方法进行着色处理，使其表面具有各种绚丽色彩的不锈钢装饰板。彩色不锈钢板已成为不锈钢材料中靓丽的一族，其颜色齐全，可镀金色、香槟色、黑金色、枪黑色、银白色、银灰色、古铜色、青铜色、玫瑰金色、紫金色、咖啡金色、宝石蓝色、七彩色、茶色等。彩色不锈钢板色彩绚丽，是一种非常好的装饰材料，用它做装饰能够尽显雍容华贵的品质，同时它又具有抗腐蚀性强、力学性能较高、彩色面层经久不褪色、色泽随光照角度不同会产生色调变幻等特点，彩色面层能耐 200℃的温度，耐锈蚀性能和装饰性能良好，耐磨和耐刻划性能相当于箔层涂金的性能。

（3）彩色涂层钢板。为了提高普通钢板的防腐蚀性能和表面装饰性能，近年来我国发展了彩色涂层钢板。彩色涂层钢板又称彩色钢板，是以冷轧钢板或镀锌钢板为基板，通过在基板表面进行化学预处理和涂漆等工艺进行处理后，使基层表面覆盖一层或多层高性能的涂层后制得的。彩色涂层钢板的涂层一般分为有机涂层、无机涂层和复合涂层三类，其中以有机涂层钢板用得最多、发展最快，常用的有机涂层有聚氯乙烯、聚丙烯酸酯、环氧树脂等。有机涂层可以配制各种不同色彩和花纹，故称之为彩色涂层钢板。

彩色涂层钢板具有良好的耐锈蚀性和装饰性，涂层附着力强，可长期保持新鲜的颜色，并且具有良好的耐污染性、耐高低温性、耐沸水浸泡性，绝缘性好，加工性能好，可切割、弯曲、钻孔、卷边等。彩色涂层钢板可用作建筑物内外墙板、吊顶、屋面板、护壁板、门面招牌的底板等，还可用作防水渗透板、排气管、通风管、耐腐蚀管道、电器设备罩、汽车外壳等。

（4）彩色压型钢板。压型钢板是使用冷轧板、镀锌板、彩色涂层板等不同类型的薄钢板，经辗压、冷弯而成的。压型钢板的截面可呈V形、U形、梯形或类似于这几种形状的波形。压型钢板具有质量轻、波纹平直坚挺、色彩丰富多样、造型美观大方、耐久性好、抗震性及抗变形性好、加工简单和施工方便等特点，广泛应用于各类建筑物的内外墙面、屋面、吊顶等的装饰以及轻质夹芯板材的面板等。

（5）搪瓷装饰板。搪瓷装饰板是以钢板、铸铁等为基底材料，在这类基底材料的表面涂覆一层无机物，经高温烧成后，能牢固地附着于基底材料表面的一种装饰材料。搪瓷装饰板不仅具有金属基材板的刚度，而且具有搪瓷釉层良好的化学稳定性和装饰性。金属基板的表面经涂覆装饰陶瓷釉面后，不生锈、耐酸碱、防火、绝缘，而且受热后不易氧化。在搪瓷装饰板的表面，可采用贴花、丝网印花和喷花等加工工序，制成各种色彩绚丽的艺术图案。搪瓷装饰板是一种新型的装饰板，可用于内外墙面、墙柱面、柜台面、吊顶等的装饰。该装饰板不仅成本比较低，而且施工比较方便，适用性也较广。

（6）轻钢龙骨。轻钢龙骨是目前装饰工程中最常用的顶面和隔墙等的骨料材料。轻钢龙骨是以优质的连续热镀锌板带为原材料，经冷弯工艺轧制而成的建筑用金属骨架。轻钢龙骨具有自重轻、刚性好、防火和抗震性能好、加工安装简便等特点，适用于工业与民用建筑等室内隔墙和吊顶的骨架。

轻钢龙骨的标记顺序：产品名称、代号、断面形状的宽度和高度、钢板带厚度、标准号。例如，断面形状为U形，宽度为50mm，高度为15mm，钢板带厚度为1.2mm的吊顶承载龙骨标记为建筑用轻钢龙骨 DU50mm×15mm×1.2mm，GB/T11981—2008；断面形状为C形，宽度为75mm，高度为45mm，钢板带厚度为0.7mm的墙体竖龙骨标记为建筑用轻钢龙骨 QU75mm×45mm×0.7mm，GB/T11981—2008。

（二）建筑装饰铝及铝合金制品

1. 铝及铝合金

铝及铝合金是现代装修中较为常用的一种装饰材料，以其特有的结构和独特的建筑装饰效果占领市场，无法被其他装饰材料取代。

（1）铝。铝作为化学元素，在地壳组成中占第三位（约占8.13%），仅次于氧和硅。铝在自然界中以化合物状态存在，纯铝是通过从铝矿石中提取 Al_2O_3，再经电解、提炼而得的。

铝属于有色金属中的轻金属，外观呈银白色，密度为 $2.7g/cm^3$，只有钢的1/3左右，是各类轻结构的基本材料之一；铝的熔点低，为660℃，对光和热的反射能力强；其导电性和导热性都很好，仅次于银、铜、金而居第四位；其强度低、塑性高，能通过冷或热的压力加工制成线、板、带、棒、管等型材。

铝的化学性质活泼，与空气中的氧结合，易生成一层致密而坚硬的氧化铝薄膜，这层氧化铝薄膜可阻止铝继续氧化，从而起到保护作用，所以铝在大气中的耐腐蚀性较强。

（2）铝合金。为了提高铝的强度，在不降低铝的原有特性的基础上，在铝中加入适量的镁、铜、锰、锌、硅等合金元素形成铝合金，以改变铝的某些性能。铝合金既保持了铝质量轻的特性，同时又提高了其力学性能，是典型的轻质高强材料，其耐腐蚀性和低温变脆性也得到较大改善。常用的铝合金有铝-锰合金、铝-镁合金、铝-镁-硅合金、铝-铜合金、铝-锌-镁-铜合金等。其中，铝-镁-硅合金是目前制作铝合金门窗、幕墙等铝合金装饰制品的主要基础材料。

铝合金以其特有的结构和独特的建筑装饰效果，在建筑装饰方面主要用来制作铝合金装饰板、铝合金门窗、铝合金框架幕墙、铝合金屋架、铝合金吊顶、铝合金隔断、铝合金柜台、铝合金栏杆扶手以及其他室内装饰等。例如，日本的高层建筑98%采用了铝合金门窗；我国首都机场72m大跨度飞机库（波音747）采用彩色压型铝板做两端山墙，外观壮丽美观，效果显著；山西太原利用铝版屋面质量轻、耐久性好的优点，建造了34 m悬臂钢结构机库，屋面及吊顶均采用压型铝板，吊顶上铺岩棉做保温层，降低了屋盖和下部承重结构的耗钢量。我国铝合金门窗发展较快，目前已有平开门窗、推拉门窗、弹簧门等几十种产品，是所有门窗中用量最大的一种。铝合金的弹性模量约为钢的1/3，线膨胀系数约为钢的2倍。铝合金由于弹性模量小，因此刚度和承受弯曲变形的能力较小。铝合金的主要缺点是弹性模量小、热膨胀系数大、耐热性低、焊接需采用惰性气体保护等焊接新技术。

在现代建筑装饰中，铝合金的用量与日俱增，为了提高铝合金的性能，常对其进行表面处理。铝合金表面处理的目的有两个：一是为了进一步提高铝合金耐磨、耐腐蚀、耐候、耐光的性能，因为铝合金表面自然氧化膜薄软，在较强的腐蚀介质作用下，不能起到有效的保护作用；二是在提高氧化膜的基础上可进行着色处理，获得各种颜色的膜层，提高铝合金表面的装饰效果。常用的铝合金表面处理的方法主要如下。

第一，氧化处理。铝型材阳极氧化的原理，实质上就是水的电解。水电解时在阴极上放出氢气，在阳极上析出氧气，该原生氧气和铝型材阳极形成的三价铝离子结合形成氧化铝薄层，从而达到铝型材氧化的目的。铝合金经氧化处理后，表面膜层为多孔状，容易吸附有害物质，使铝合金制品表面易被腐蚀或污染，故在使用前还需对其表面进行封孔处理，从而提高氧化膜的防污染性和耐腐蚀性。

第二，表面着色处理。铝合金的表面着色是通过控制铝材中不同合金元素的种类和含量以及控制热处理条件来实现的。不同铝合金由于所含合金成分及其含量不同，所形成的膜层的颜色也不相同。常用的铝合金着色方法有自然着色法和电解着色法。自然着色法是指铝材在特定的电解液和电解条件下，被阳极氧化的同时又能着色的方法。电解着色法是指对常规硫酸法中生成的氧化膜进一步电解，使电解液所含的金属阳离子沉积到氧化膜孔底后而着色的方法。

2. 铝合金装饰制品

（1）铝合金门窗。铝合金门窗是将表面处理过的铝合金型材，经下料、打孔、攻丝、制作等加工工艺而制成的门窗框料构件，再用连接件、密封材料和开闭五金配件一起组合装配而成的。铝合金门窗虽然价格较贵，但它的性能好，长期维修费用低，且美观、节约能源等，在国内外得到广泛应用。另外，还可用高强度铝花格制成装饰性极好的高档防盗铝合金门窗。

1）铝合金门窗的特点。铝合金门窗与普通门窗相比，具有以下主要特点：

第一，质量轻。铝合金门窗用材省、质量轻，每平方米用铝型材量平均为 8 ~ 12 kg，而每平方米钢门窗用钢量平均为 17 ~ 20 kg。

第二，性能良好。气密性、水密性、隔声性均好，保温隔热性好，强度高，刚度好，坚固耐用。

第三，色泽美观。铝合金门窗框料型材表面可氧化着色处理，可制成银白色、古铜色、暗红色、暗灰色、黑色等多种颜色或带色的花纹，还可涂聚丙烯酸树脂装饰膜使表面光亮。

第四，耐腐蚀强、维修方便。铝合金门窗不锈蚀、不褪色，表面不需要涂漆，维修费用少。

第五，加工方便，便于工业化生产。铝合金门窗的加工、制作、装配都可在工厂进行，有利于实现产品设计标准化、系列化、零件通用化、产品的商品化。

2）铝合金门窗的分类和代号。铝合金门窗的分类方法很多，按其结构和开启方式，铝合金窗分为推拉窗、平开窗、固定窗、悬挂窗、百叶窗、纱窗等；铝合金门分为推拉门、平开门、折叠门、地弹簧门、旋转门、卷帘门等。其中以推拉门窗和平开门窗用得最多。铝合金门窗按其门窗框的宽度，分为 46 系列、50 系列、65 系列、70 系列和 90 系列推拉窗；70 系列、90 系列推拉门；38 系列、50 系列平开门；70 系列、100 系列平开门等。

3）铝合金门窗的性能。铝合金门窗需要达到规定的性能指标后才能出厂安装使用。铝合金门窗通常要进行以下主要性能的检验。

第一，强度。铝合金窗的强度是在压力箱内进行压缩空气加压试验测得的，用所加风压的等级来表示其强度，单位为 Pa。一般性能的铝合金窗强度为 1 961 ~ 2 353 Pa，测定窗扇中央最大位移应小于窗框内沿高度的 1/70。

第二，气密性。铝合金窗在压力试验箱内，使窗的前后形成一定的压力差，用每平方米面积每小时的通气量（m^3）来表示窗的气密性，单位为 $m^3/(h \cdot m^2)$。一般性能的铝合金窗前后压力差为 10 Pa 时，气密性可达 8 $m^3/(h \cdot m^2)$，高密封性能的铝合金窗可达 2 $m^3/(h \cdot m^2)$。

第三，水密性。铝合金窗在压力试验箱内，对窗的外侧施加周期为 2 s 的正弦波脉冲压力，同时向窗内每分钟每平方米喷射 4 L 的人工降雨，进行连续 10 min 的风雨交加的试验，在室内一侧不应有可见的漏渗水现象。水密性用水密性试验施加的脉冲风压平均压力表示，一般性能铝合金窗为 343 Pa，抗台风的高性能窗可达 490 Pa。

第四，开闭力。装好玻璃后，窗扇打开或关闭所需外力应在 49 N 以下。

第五，隔热性。通常用窗的热对流阻抗值（R）来表示铝合金窗的隔热性能，单位是 $m^2 \cdot h \cdot ℃ /kJ$。一般可分为三级：$R_1=0.05$，$R_2=0.06$，$R_3=0.07$。采用 6mm 厚的双层玻璃高性能的隔热窗，热对流阻抗值可以达到 $0.05 \ m^2 \cdot h \cdot ℃ /kJ$。

第六，隔声性。在音响试验室内对铝合金窗的响声透过损失进行试验发现，当声频达到一定值后，铝合金窗的响声透过损失趋于恒定，这样可测出隔声性能的等级曲线。有隔声要求的铝合金窗，响声透过损失可达 25 dB，即响声透过铝合金窗声级可降低 25 dB。高隔声性能的铝合金窗，响声透过可降低 30 ~ 45 dB。

（2）铝合金装饰板。铝合金装饰板是现代较为流行的建筑装饰材料之一，具有质量高、不燃烧、强度高、刚度好、经久耐用、易加工、表面形状多样（光面、花纹面、波纹面及压型等）、色彩丰富、防腐蚀、防火、防潮等优点，适用于公共建筑的内、外墙面和柱面。在商业建筑中，入口处的门脸、柱面、招牌的衬底使用铝合金装饰板时，更能体现建筑物的风格并吸引顾客注目。

1）铝合金压型板。铝合金压型板是一种目前被广泛应用的新型建筑装饰材料，它具有质量轻、外形美观、耐腐蚀、耐久性好、安装容易、施工简单、经表面处理可得到多种颜色等优点，主要用于墙面和屋面装饰。

2）铝合金花纹板。铝合金花纹板是采用防锈铝合金做坯料，用一定的花纹轧制而成的一种铝合金装饰板。铝合金花纹板具有花纹美观大方、突筋高度适中、防滑性能好、防腐蚀性能好、不易磨损、便于清洗等特点。此外，铝合金花纹板板材平整、裁剪尺寸精确、便于安装，广泛应用于现代建筑的墙面装饰以及楼梯踏步等处。

铝合金浅花纹板是优良的建筑装饰材料之一。其花纹精巧别致、色泽美观大方，除具有普通铝板共有的优点外，刚度提高 20%，抗污垢、抗划伤、抗擦伤能力均有提高，尤其是增加了立体图案和美丽的色彩，更使建筑物熠熠生辉。它是我国所特有的建筑装修产品。铝合金花纹板对白光反射率为 75% ~ 90%，热反射率为 85% ~ 95%。在氨、硫、硫酸、磷酸、亚磷酸、浓硝酸、浓醋酸中耐蚀性好。

3）铝合金波纹板。铝合金波纹板是国内外应用比较广泛的一种装饰材料，是用机械轧幅将板材轧成一定的波形后制成的，主要用于墙面和屋面的装饰。铝合金波纹板自重轻，表面经化学处理可以有各种颜色，有较好的装饰效果和很强的反射光能力，同时具有防火、防潮、耐腐蚀、隔热、保温等优良性能。

4）铝合金穿孔板。铝合金穿孔板是用各种铝合金平板经机械穿孔而成的。其孔径为 6 mm，孔距为 10 ~ 14 mm，孔形根据需要做成圆孔、方孔、长圆孔、长方孔、三角孔、大小组合孔等。铝合金穿孔板既突出了板材质轻、耐高温、耐腐蚀、防火、防潮、防震、化学稳定性好等特点，又可以将孔形处理成一定图案，立体感强，装饰效果好。同时，内部放置吸声材料后可以解决建筑中吸声的问题，是一种集降噪装饰双重功能于一体的理想材料。

铝合金穿孔板可用于宾馆、饭店、影剧院、播音室等公共建筑和高级民用建筑中以改善音质条件，也可用于各类噪声大的车间、厂房和计算机房等的天棚或墙壁作为降噪材料。

5）铝塑复合板。铝塑板是一种复合材料，它是将氯化乙烯处理过的铝片用黏结剂覆贴到聚乙烯板上而制成的。按铝片覆贴位置不同，铝塑板有单层板和双层板之分。铝塑板的耐腐蚀性、耐污染性和耐候性较好，可制成多种颜色，装饰效果好，施工时可弯折、截割，加工灵活方便。与铝合金板材相比，具有质量轻、造价低、施工简便等优点。铝塑板可用作建筑物的幕墙饰面、门面及广告牌等处的装饰。

（3）铝合金型材。铝合金型材制作时先将铝合金锭坯按需要长度锯成坯段，加热到 $400℃ \sim 450℃$，送入专门的挤压机中连续挤出型材，挤出的型材冷却到常温后，切去两端斜头，在时效处理炉内进行人工时效处理消除内应力，经检验合格后再进行表面氧化和着色处理，最后形成成品。

铝合金型材的断面形状及尺寸是由型材的使用特点、用途、构造及受力等因素决定的。用户应根据装饰工程的具体情况进行选用，对结构用铝合金型材一定要经力学计算后才能选用。在装饰工程中，常用的铝合金型材有窗用型材（46 系列、50 系列、65 系列、70 系列和 90 系列推拉窗型材；38 系列、50 系列平开窗型材；其他系列窗用型材）、门用型材（推拉门型材、地弹门型材等）、柜台型材、幕墙型材（120 系列、140 系列、150 系列、180 系列隐框或明框龙骨型材）、通用型材等。

（4）铝合金龙骨。铝合金龙骨是室内吊顶装饰中常用的一种材料，可以起到支架、固定和美观的作用，主要用于吊顶龙骨与隔墙龙骨。铝合金龙骨具有强度高、质量较轻、个性化性能强、装饰性能好、易加工、安装便捷等优点。

（5）铝箔和铝粉。

1）铝箔。铝箔是用纯铝或铝合金加工成的 $6.3 \sim 200\mu m$ 的薄片制品。铝箔具有良好的防潮、隔热性能，在建筑及装饰工程中可作为多功能保温隔热材料和防潮材料来使用。常用的铝箔制品有铝箔波形板、铝箔布、铝箔牛皮纸等。

2）铝粉（俗称"银粉"）是以纯铝箔加入少量润滑剂，经捣击压碎成为极细的鳞状粉末，再经抛光而成。铝粉质轻，漂浮力强，遮盖力强，对光和热的反射性能均很高。在建筑工程中铝粉常用来制备各种装饰涂料和金属防锈涂料，也可用于土方工程中的发热剂和加气混凝土中的发气剂。

（三）其他建筑装饰金属材料

建筑装饰工程中常用的金属材料，除钢制材料和铝合金材料外，还常用到铜及铜合金、铁艺制品等。

1. 铜及铜合金

（1）铜的特性与应用。铜是呈紫红色光泽的金属，密度 $8.92g/cm^2$。铜呈紫红色主要是由于纯铜表面氧化形成氧化铜薄膜，故又称紫铜。纯铜具有较高的导电性、导热性、耐腐蚀性以及良好的延展性、塑性和易加工性，可碾压成极薄的板（紫铜片），拉成很细的丝（铜线材），既是一种古老的建筑材料，又是一种良好的导电材料。但纯铜强度低，不宜直接作为结构材料。在古代建筑中，铜常用于宫廷、寺庙、纪念性建筑以及商店铜字招牌等。在现代建筑装饰中，铜主要用于高级宾馆、饭店、商厦等建筑中的柱面、楼梯扶手、栏杆、防滑条等，使建筑物显得光彩耀目、美观雅致、光亮耐久，并烘托出华丽、高雅的氛围，是集古朴与华贵于一身的高级装饰材料。除此之外，铜材还可用于制作外墙板、把手、门锁、五金配件等。

（2）铜合金的特性与应用。由于纯铜强度不高，且价格较贵，因此在建筑装饰工程中通常使用的是在铜中掺入锌、锡等元素形成的铜合金。铜合金既保持了铜的良好塑性和高抗腐蚀性，又改善了纯铜的强度、硬度等力学性能。建筑工程常用的铜合金有黄铜（铜锌合金）和青铜（铜锡合金）。

1）黄铜。黄铜是指以铜、锌为主要合金元素的铜合金。普通黄铜呈金黄色或黄色，色泽随含锌量的增加而逐渐变淡。黄铜不易生锈腐蚀，延展性较好，易于加工成各种建筑五金、装饰制品、水暖器材等。黄铜粉俗称"金粉"，常用于调制装饰涂料，代替"贴金"。

2）青铜。青铜是指以铜、锡为主要合金元素的铜合金，因颜色青灰，被称为青铜。青铜有锡青铜和铝青铜两种。锡青铜中锡的质量分数在30%以下，它的抗拉强度以锡的质量分数在15%～20%时为较大；而伸长率以锡的质量分数在10%以内比较大，超过这个限度，就会急剧变小。铝青铜中铝的质量分数在15%以下，往往还添加了少量的铁，以改善其力学性能。铝青铜耐腐蚀性好，经过加工的材料，强度接近一般碳素钢，在大气中不变色，即使加热到高温也不会氧化，这是由于合金中铝经氧化形成致密的薄膜所致。铝青铜可用于制造铜丝、棒、管、弹簧和螺栓等。

（3）铜及铜合金装饰制品。铜合金经挤压或压制可形成不同横断面形状的型材，有空心型材和实心型材，可用来制造管材、板材、线材、固定件及各种机器零件等。铜合金型材也具有铝合金型材类似的特点，可用于门窗的制作，也可以作为骨架材料装配幕墙。以铜合金型材做骨架，以吸热玻璃、热反射玻璃、中空玻璃等为立面形成的玻璃幕墙，一改传统外墙的单一面貌，使建筑物乃至城市换发光彩。另外，用铜合金制成的各种铜合金板材（如压型板），可用于建筑物的外墙装饰，使建筑物金碧辉煌、光亮耐久。铜合金还可制成五金配件、铜门、铜栏杆、铜嵌条、防滑条、雕花铜柱和铜雕壁画等，广泛应用于建筑装饰工程中。铜合金的另一应用是铜粉，俗称"金粉"，是一种由铜合金制成的金色颜料，主要成分为铜及少量的锌、铝、锡等。铜粉常用来调制装饰涂料，代替"贴金"。

用铜合金制成的产品表面往往光亮如镜、有高雅华贵的感觉。在古代，人们认为以铜或金来装饰的建筑是高贵和权势的象征，如古希腊的宗教及宫殿建筑多采用金、铜来装饰，帕提农神庙的大门为铜质镀金，古罗马的雄狮凯旋门有青铜的雕塑，我国盛唐时期的宫殿建筑也多以金、铜来装饰。

在现代建筑装饰中，铜制产品主要用于高档场所的装修，如宾馆、饭店、高档写字楼和银行等。如显耀的厅门配以铜质的把手、门锁；变幻莫测的螺旋式楼梯扶手栏杆选用铜质管材，踏步上附有铜质防滑条；浴缸龙头、坐便器开关、沐浴器配件、灯具、家具采用制作精致且色泽光亮的铜合金制品等，无疑会在原有豪华、华贵的氛围中增添装饰的艺术性，使其装饰效果得以淋漓尽致地发挥。由于铜制品的表面易受空气中的有害物质的腐蚀，为提高其抗腐蚀能力和耐久性，可采用在铜制品的表面镀钛合金等方法进行处理，从而极大地提高其光泽度，增加铜制品的使用寿命。

2. 铁艺制品

在众多装饰点缀生活的形式中，铁构件以其独特的韵味而独占一角。以铁件为主体的装饰艺术，称为铁艺。铁艺制品是铁制材料经锻打、弯花、冲压、打磨等多道工序制成的装饰性铁件，常见的铁艺制品有阳台护栏、楼梯扶手、艺术门、屏风、家具及装饰件等。其制作过程是将含碳量很低的生铁烧熔，倾注在透明的硅酸盐溶液中，两者混合形成椭圆状金属球，再经高温剔除多余的熔渣，之后轧成条形熟铁环，再经过除油污、除杂质和除锈、防锈以及艺术处理，最后成为家庭装饰用品。

铁艺制品的分类：一类是用锻造工艺即以手工打制生产的铁艺制品，这种制品材质比较纯正，含碳量较低，其制品也较细腻、花样丰富，是家居装饰的首选；另一类是铸铁铁艺制品，这类制品外观较为粗糙，线条直白粗犷，整体制品笨重，这类制品价格不高，但易生锈。

在建筑装饰工程中，铁艺制品小到烛台挂饰，大到旋转楼梯，都能起到其他装饰材料所不能替代的装饰效果，在局部选材时可作为一种具有特殊性的选择。例如，装饰一扇用铁艺嵌饰的玻璃门，再配以居室的铁艺制品，会烘托出整个居室不同凡响的艺术效果。

3. 金属装饰线条

金属装饰线条是室内外装修中比较重要的装饰材料，常用的金属装饰线条有不锈钢线条、铝合金线条和铜线条等。

（1）不锈钢装饰线条。不锈钢装饰线条以不锈钢为原料，经机械加工制成，是一种较高档的装饰材料。

1）不锈钢装饰线条的特点。不锈铁装饰线条具有高强度、耐腐蚀、表面光洁如镜、耐水、耐擦、耐气候变化等优良性能。

2）不锈钢装饰线条的用途。不锈钢装饰线条的用途目前并不十分广泛，主要用于各种装饰面的压边线、收口线、柱角压线等处。

（2）铝合金装饰线条。铝合金装饰线条是在纯铝中加入镁等合金元素后，挤压而制成的条状型材。

1）铝合金装饰线条的特点。铝合金装饰线条具有轻质、高强、耐蚀、耐磨、刚度大等优良性能。其表面经过阳极氧化着色处理，有鲜明的金属光泽，耐光和耐候性良好。其表面还涂以坚固透明的电泳涂膜，使其更加美观、实用。

2）铝合金装饰线条的用途。铝合金装饰线条的用途比较广泛，可用于装饰面的压边线、收口线以及装饰画、装饰镜面的框边线。在广告牌、灯光箱、显示牌上作为边框或框架，在墙面或天花面作为一些设备的封口线。铝合金装饰线条还可用于家具的收边装饰线、玻璃门的推拉槽、地毯的收口线等。

（3）铜装饰线条。铜装饰线条是使用铜合金制成的一种装饰材料。

1）铜装饰线条的特点。铜装饰线条是一种比较高档的装饰材料，它具有强度高、耐磨性好、不锈蚀、经过加工后表面有黄金色泽等优点。

2）铜装饰线条的用途。铜装饰线条主要用于地面大理石、花岗石、水磨石块面的间隔线，楼梯踏步的防滑线，楼梯踏步的地毯压角线，高级家具的装饰线等。

4. 金箔

金箔是以黄金为颜料制成的一种极薄的饰面材料，厚度仅为 $0.1\mu m$ 左右。目前较多应用于国家重点文物和高级建筑物的局部润色。例如，金箔制作的招牌（即金字招牌），豪华名贵，永不褪色，质量能保持 20 年以上，是其他材料制作的招牌无法比拟的。它的价格比一般铜字招牌贵一倍左右，但外表色彩与光泽、使用年限都明显好于铜字招牌。

二、建筑装饰陶瓷材料

（一）建筑装饰陶瓷材料的类别划分

"从古至今，建筑设计中陶瓷材料的使用都占到十分大的比重。大部分的建筑外墙都是采用陶瓷砖粘贴而成的，传统的陶瓷瓷砖作为建筑构件的一种，更加发挥着其装饰的作用。"[1]陶瓷材料是以黏土等为主要原料，经配料、混合、制坯、干燥、焙烧等工艺而制成的。陶瓷因原料、烧制温度和用途不同，又可分为若干种。在一般情况下，陶瓷按原料和烧制温度不同分类，也可按其用途不同分类。

1. 按原料和烧制温度不同进行分类

陶瓷材料按原料和烧制温度不同，可分为陶器、瓷器和炻器。

（1）陶器。凡以陶土、河砂等为主要原料，经低温烧制而成的制品称为陶器。陶器

---

[1] 黄娟. 现代建筑装饰设计中陶瓷的使用 [J]. 陶瓷研究，2019，34（03）：104-106.

断面粗糙无光，不透明，气孔率较高，强度较低。陶器又分为粗陶和精陶两种。粗陶一般由含杂质较多的黏土制成，精陶坯体是以可塑黏土为原料。建筑上用的红砖、陶管属于粗陶，釉面砖属于精陶。

（2）瓷器。凡以磨细的岩石粉如瓷土粉、长石粉、石英粉等为主要原料，经高温烧制而成的制品称为瓷器。瓷器结构致密、气孔率较小、吸水率低、强度较大、断面细致，敲之有金属声，有一定的半透明性。与陶器相比，其质地较坚硬但较脆。瓷器又分为硬瓷、软瓷、粗瓷、细瓷数种。粗瓷接近于精陶。硬瓷的烧制温度较高，含玻璃相对较少，含莫来石较多；软瓷正好相反。莫来石含量越高，瓷器的质量越好。建筑装饰工程中所用的陶器马赛克及全瓷地砖属于硬瓷。

（3）炻器。炻器是介于陶器和瓷器之间的产品，也称为半瓷器，我国俗称石胎瓷。其坯体比陶器致密，吸水率低于陶器但高于瓷器，断面多数带有颜色，而无半透明性。炻器又分为粗炻器和细炻器两种。炻器与陶器的区别在于陶器坯是多孔的，炻器与瓷器的区别主要是炻器坯多数带有颜色而无半透明性。建筑装饰工程上所用的普通外墙面砖、铺地砖多为粗炻器，其吸水率一般小于2%。

2. 按其用途不同进行分类

陶瓷材料按其用途不同可分为建筑陶瓷、卫生陶瓷、美术陶瓷、园林陶瓷、日用陶瓷、特种陶瓷、电子陶瓷和陶瓷机械8种。

（1）建筑陶瓷。建筑装饰陶瓷制品是指建筑物室内外装修用的烧土制品，用于建筑装饰工程中的陶瓷制品种类很多，主要有瓷质砖、马赛克、细砖、仿古砖、彩釉砖、劈离砖和釉面砖等。该类产品具有良好的耐久性和抗腐蚀性，其花色品种及规格尺寸繁多（边长在5～100cm），主要用作建筑物内外墙和室内外地面的装饰。

（2）卫生陶瓷。卫生陶瓷也包括卫浴产品，主要有洗面器、坐便器、淋浴器、洗涤器、水槽等。该类产品的耐污性、热稳定性和抗腐蚀性良好，具有多种形状、颜色及规格，且配套比较齐全，主要用作卫生间、厨房、实验室等处的卫生设施。除此之外，还有搪瓷浴缸、亚克力浴缸和浴室等卫浴产品。

（3）美术陶瓷。美术陶瓷主要包括陶塑人物、陶塑动物、微塑、器皿等。该类产品造型生动、逼真传神，具有较高的艺术价值，不仅花色绚丽，而且款式、规格繁多，主要用作室内艺术陈列及装饰，并为许多陶瓷艺术品爱好者所珍藏。

（4）园林陶瓷。园林陶瓷主要包括中式、西式琉璃制品及花盆等。该类产品具有良好的耐久性和艺术性，并有多种形状、颜色及规格，特别是中式琉璃的瓦件、脊件、饰件配套齐全，是仿古园林式建筑装饰不可缺少的材料。

（5）日用陶瓷。日用陶瓷主要包括陶制砂锅等。该类产品热稳定性良好，基本上没有铅、镉的熔出，有多种款式及规格，主要用作餐饮、烹饪用具。

（6）特种陶瓷。特种陶瓷以陶瓷棍棒为主。陶瓷棍棒具有良好的高温性能，直径分别有 4cm、5cm 等，长度为 200 ~ 400cm，主要用于陶瓷砖干燥及烧成时对坯件的支承和传递。

（7）电子陶瓷。电子陶瓷包括火花塞、集成电路基卡、电压陶瓷片等。

（8）陶瓷机械。陶瓷机械包括球磨机、喷雾干燥塔、压砖机、辊道窑等建筑装饰陶瓷生产成套设备。

（二）建筑装饰陶瓷材料的表面装饰

陶瓷制品表面装饰效果的好坏，直接影响到产品的使用价值。陶瓷的表面装饰能够大大提高制品的外观效果，同时很多装饰手段对制品也有保护作用，从而把产品的使用性和艺术性有机地结合起来，使之成为一种能够广泛应用的优良陶瓷产品。陶瓷制品的装饰方法有很多，较为常见的是施釉、彩绘和贵金属装饰。

1. 施釉

施釉是对陶瓷制品进行表面装饰的主要方法之一，也是最常见的方法。烧结的坯体表面一般粗糙无光，多孔结构的陶坯更是如此，这不仅影响产品装饰性和力学性能，而且也容易被弄脏和吸湿。对坯体表面采用施釉工艺之后，其产品表面会变得平滑、光亮、不吸水、不透气，并能够大大地提高产品的机械强度和装饰效果。陶瓷制品的表面釉层又称瓷釉，是指附着于陶瓷坯体表面的连续的玻璃质物质。它是将釉料喷涂于坯体表面，经高温烧焙时釉料与坯体表面之间发生反应，熔融后形成的玻璃质层。使用不同的釉料，会产生不同颜色和装饰效果的画面。

2. 彩绘

彩绘分为釉下彩绘和釉上彩绘

（1）釉下彩绘。釉下彩绘是在生坯上进行彩绘，然后喷涂上一层透明釉料，再经釉烧而成。釉下彩绘的特征在于彩绘画面是在釉层以下，受到釉层的保护，从而不易被磨损，使得画面效果能得到较长时间的保持。

釉下彩绘常常采用手工绘制，造成生产效率低、价格昂贵，所以应用不很广泛。但在大机器、流水线生产方式普及的今天，人们越来越重视手工制作的精致性、独特性以及手工产品中体现的匠人们的审美情趣和优秀的传统文化。中国传统的青花瓷器、釉里红以及釉下五彩等都是名贵的釉下彩制品，深受海内外人们的喜爱。

（2）釉上彩绘。釉上彩绘是在已经釉烧的陶瓷釉面上，使用低温彩料进行彩绘，再在 600℃ ~ 900℃的温度下经煅烧而成。由于釉上彩的彩烧温度低，使陶瓷颜料的选择性大大提高，可以使用很多釉下彩绘不能使用的原料，这使彩绘色调十分丰富、绚烂多彩。而且，由于彩绘是在强度相当高的陶瓷坯体上进行，因此可以采用机械化生产，大大提高了生产效率、降低了成本。因此，釉上彩绘的陶瓷价格便宜，应用量远远超过釉下彩绘的制品。釉上彩绘由于没有了釉层的保护，彩绘的图案易被磨损，而且在使用过程中，因颜料中加入一种含铅的原料，会对人体产生有害影响。

目前在生产中广泛采用釉上贴花、刷花、喷花和堆金等"新彩"方法，其中"贴花"是釉上彩绘中应用最广泛的一种方法。使用先进的贴花技术，采用塑料薄膜贴花纸，用清水就可以把彩料转移至陶瓷制品的釉面上，操作十分简单。

3.贵金属装饰

高级贵重的陶瓷制品，常常采用金、铂、钯、银等贵重金属对陶瓷进行装饰加工，这种陶瓷表面装饰方法被称为贵金属装饰。其中最为常见的是以黄金为原料进行表面装饰，如金边、图画描金装饰方法等。

饰金方法所使用的材料基本上有金水（液态金）与金粉两种。金材装饰陶瓷的方法有亮金、磨光金和腐蚀金等多种。亮金在饰金装饰中应用最为广泛。它采用金水为着色材料，在适当温度下彩烧后，直接获得光彩夺目的金属层。亮金所使用的金水的含金量必须严格控制在 10%～12%，否则金层容易脱落、并造成耐热性的降低。贵金属装饰的瓷器，成本高昂，做工精细，制品雍容华贵、光泽闪闪动人，常常作为高档的室内陈设用品，营造室内高雅华贵的空间气氛。

第三节　建筑装饰材料的实践应用

一、建筑装饰材料中新材料的应用

目前，在建筑装饰材料中，关于新材料的应用，可以体现在地面装饰材料、墙面装饰材料、顶面装饰材料三个方面。

（一）地面装饰材料

在建筑装饰工程中，选择地面装饰材料，是非常重要的一个环节。选择地面装饰材料的过程中，要考虑的问题主要包括是否防水、是否防火、是否易于清洗等。例如，有些用户非常偏爱天然石地板，认为天然石地板大气、高贵。如果选择天然石地板，如花岗石、大理石等，密度、硬度都存在一些不足，耐用性也较差。目前，在一些大型酒店、餐厅、蛋糕店、咖啡厅等，设计人员通常采用人造石材进行地面装饰。人造石材属于一种新型建筑装饰材料。相比天然石地板，人造石材更易加工、处理，本身的抗压性、防水性、耐酸碱程度也更好一些。更重要的是，人造石材的外形与天然石地板非常相似，在美观性上不受任何影响，甚至比天然石地板更加美观。目前，人造石材的应用越来越广泛。

（二）墙面装饰材料

墙面装饰的工程量比较大，耗材也比较多。在建筑装饰工程中，如何选择恰当的墙面装饰材料，非常关键。例如，在墙面装饰材料中，硅藻泥属于一种新型材料。硅藻泥材料的成分主要包含二氧化硅、蛋白石等。对于这两项材料，我国储备量丰富，适合大力推广使用。而且，硅藻泥类材料无毒、无害，更加环保，人们不必再担心甲醛等添加剂带来的生活环境危害。除此之外，硅藻泥类材料还可以起到一定吸附作用，自动吸附来自外界的苯类、甲醛类有害物质。总体来说，无论是对于施工人员，还是对于长期居住人员，硅藻泥类材料都更加让人放心。而且，一旦遭遇突发性火灾，硅藻泥类材料还可以起到一定阻燃作用，阻断火势蔓延，降低火灾带来的破坏性。

（三）顶面装饰材料

在顶面装饰材料中，新型材料主要涉及LED灯具和软膜天花两方面。具体来说，一方面，LED灯具造价比较低，照明效果非常好；在电量消耗上，也具有明显的节能优势，符合现代人追求的节能理念。另一方面，软膜天花主要由聚氯乙烯材料制成，可以起到一定防火、防水作用。更重要的是，在安装环节，软膜天花安装便捷，可以加快整体施工进度。目前，有些用户对软膜天花缺乏了解，认为软膜天花不耐用、性价比不高。其实，相比传统的顶面装饰材料，软膜天花使用寿命更长，后期维护的成本也不高，非常适合应用于现代建筑装饰领域。

二、建筑装饰材料中新技术的应用

近年来，在建筑装饰材料领域，BIM技术的应用越来越深入。相比传统2D出图，BIM技术可以实现3D模型，带来一系列优势。比如，借助3D模型，相关人员可以更好地进行高空间逻辑判断，设计更缜密的图形。

BIM技术指的是借助计算机技术，进行工程设计建造的一种数据化模拟工具。在20世纪七八十年代，已经出现BIM技术。发展到现在，BIM技术已经日臻完善。其技术原理是，通过参数模型，将各种项目的信息整合在一起，为项目策划、项目运行、项目维护等不同环节提供便利。利用BIM技术体系，工程技术人员可以汇总比较全面的建筑信息，并对这些建筑信息进行深度理解和判断。总的来说，无论是设计团队，还是相关运营单位，都可以基于BIM技术体系进行协同化工作。目前，BIM技术体系的主要特点是具有信息一致性、信息完备性、信息可视化、信息模拟性、信息可出图性、信息关联性、信息协调性、信息可优化性。基于这些特点，相关工作人员可以显著提升工作效率，并降低沟通成本、设计成本。

（一）BIM技术的应用

在建筑装饰材料领域，关于BIM技术的应用，可以从以下方面展开分析：

第一，构建三维建筑信息模型。通过 BIM 技术，相关工作人员可以更全面地分析建筑主体设计情况，并按照装饰设计要求，构建非常清晰、明确的三维建筑信息模型。

第二，分解工作任务。借助 BIM 技术，相关工作人员可以进行任务分解。例如，将室内装饰设计任务分解为地板装饰设计、墙体装饰设计、阳台装饰设计、天花板装饰设计，安排不同领域的专业人员进行施工，既保证专业性，也保证施工效率。

第三，进行精细化分工。利用 BIM 技术，构建精确模型，对每个板块的工作任务进行精细化分工。

第四，优化工作内容。基于 BIM 技术，相关工作人员可以对各个精确模型进行合并处理，不断优化整体工作内容。

（二）BIM 技术的发展趋势

在 BIM 技术的推动下，建筑装饰材料领域逐渐形成设计—制造—安装模式。在这个模式中，建筑装饰工程所涉及的各项数据都汇总到一个模拟平台，无论是设计人员、供货商，还是相关施工单位，都可以通过这个模拟平台获得所需数据，进行数据资料共享。这可以很好地增加不同工程主体之间的交流、互动，提高工程整体施工效率。目前，有些企业会担心 BIM 技术的后期维护问题，担心维护成本过高、维护方法过于复杂。其实，BIM 技术在维护方面有很多优势，如应用 BIM 技术时，各种数据资料都会整合起来，形成一个系统化的三维模型，与 2D 图纸不同，这个三维模型更准确、更全面。即使存在一些隐蔽系统、隐蔽位置，相关工作人员也可以一目了然，从而快速、精准地进行维护工作。如果需要修改、添加新系统，相关工作人员也可以直接在三维模型上操作，整个过程并不复杂。

未来，随着建筑装饰材料领域不断发展，对 BIM 技术的应用还要继续探索。尤其在设计—制造—安装模式、后期维护等方面，BIM 技术要不断优化。

结束语

建筑工程管理在提高建筑工程项目质量、保障工程施工安全和控制建筑项目施工成本等方面起着重要的作用。建筑企业只有认识到工程管理中存在的问题，将建筑工程管理贯穿于工程项目建设施工的整个过程，做好各项管理措施并且贯彻落实，才能真正提升建筑工程管理质量，在确保建筑企业经济效益的基础上，促进建筑行业稳定持续健康地发展。

随着人们精神需求的提高，对建筑施工的要求越来越高，新技术的开发利用能够使建筑工程的质量有很好的保证，所以在建筑装饰方面对新技术和新材料的应用，对建筑工程质量和建筑工程的长期可持续发展有很大的帮助，更重要的是，在保护环境的同时对整个建筑行业质量提升也有很大的帮助。

参考文献

一、著作类

[1] 李林，李霄．建筑工程招投标与合同管理 [M]．西安：西北工业大学出版社，2013．

[2] 刘先春．建筑工程项目管理 [M]．武汉：华中科技大学出版社，2018．

[3] 宋晓东．建设工程招标投标与合同管理 [M]．厦门：厦门大学出版社，2013．

[4] 王庆刚，姬栋宇．建筑工程安全管理 [M]．北京：科学技术文献出版社，2018．

[5] 杨丽君，韩朝霞．建筑装饰材料 [M]．天津：天津大学出版社，2014．

[6] 张伟，黄汝杰，牛波．建筑材料管理 [M]．北京：中国电力出版社，2016．

[7] 张妍妍，唐亚男，李文．建筑工程项目管理 [M]．西安：西安电子科技大学出版社，2016．

二、期刊类

[1] 白冰．论建筑施工工程的质量管理与控制 [J]．现代管理科学，2003（12）：106–108．

[2] 保冠雄．浅谈业主的建筑工程管理方法 [J]．施工技术，2003，32（12）：39–40．

[3] 才化雨．质量管理在建筑工程中存在的问题与对策 [J]．煤炭技术，2009，28（7）：135–136．

[4] 曾杰，颜伟国，赫赫，等．建筑材料碳足迹研究进展 [J]．材料导报，2013，27（z1）：321–325．

[5] 陈春梅．信息技术在建筑工程管理中的应用探讨 [J]．四川建筑科学研究，2007，33（5）：229–232．

[6] 陈荣国，陈艺兰，刘心中，等．相变材料及其在建筑节能中的应用 [J]．材料导报，2015，29（23）：51–57．

[7] 陈秀良．剖析建筑工程技术特点及未来发展趋势 [J]．四川水泥，2021（07）：226–227．

[8] 丁宇明．建筑工程项目管理组织结构的设计 [J]．建材与装饰，2018（52）：72–73．

[9] 费爱艳，李东旭，张毅，等．聚合物改性建筑防水材料 [J]．材料导报，2013，27（9）：76–79．

[10] 冯国军，李卫军，马龙，等．纳米复合储能材料在模拟绿色建筑环境下的调温性能研究 [J]．新型建筑材料，2020，47（2）：123–128．

[11] 胡捷，金怡．建筑工程的安全管理与进度控制 [J]．建筑技术，2013，44（7）：646–648．

[12] 胡明玉，蔡国俊，徐旺敏，等．功能性渗蓄生态建筑材料的制备及性能研究 [J]. 长江科学院院报，2020，37（11）：128-135.

[13] 黄娟．现代建筑装饰设计中陶瓷的使用 [J]. 陶瓷研究，2019，34（3）：104-106.

[14] 黄天祥，麦耀球，江见鲸，等．建筑工程项目的信息化管理 [J]. 仪器仪表学报，2002，23（z2）：980-986.

[15] 黄毅．不锈钢芯板建筑结构材料的研究与应用 [J]. 新型建筑材料，2020，47（6）：153-156.

[16] 霍振伟，王贺．建筑工程施工中的管理与质量 [J]. 煤炭技术，2005，24（7）：86-87.

[17] 李蒙．建筑工程材料采购管理方法探讨 [J]. 住宅与房地产，2020（36）：20+32.

[18] 李祥飞．浅谈建筑工程施工安全管理 [J]. 水利水电技术，2011，42（9）：88-91.

[19] 刘正波，王新林．建筑施工企业工程项目成本管理模式初探 [J]. 人民长江，2008，39（14）：99-100.

[20] 龙爱翔，吴迎学．工程建筑业供应链管理研究 [J]. 企业经济，2006（2）：124-125.

[21] 栾向峰，曹远尼，肖理红，等．陶瓷废料在建筑材料中的应用进展 [J]. 材料导报，2015（13）：145-150.

[22] 毛志兵，崔惠钦，杨富春．建筑企业和工程项目管理信息系统的研究开发和应用 [J]. 施工技术，2007，36（12）：27-32.

[23] 倪海洋，朱孝钦，胡劲，等．相变材料在建筑节能中的研究及应用 [J]. 材料导报，2014，28（21）：100-104.

[24] 尚春静，刘长滨．建筑工程管理信息化 [J]. 建筑经济，2004（8）：26-29.

[25] 石永威，姜连馥，刘建西．建筑工程质量生态管理研究 [J]. 科技进步与对策，2008，25（10）：48-52.

[26] 苏斌，戴昌京．建筑工程管理中的成本控制 [J]. 人民长江，2009，40（12）：88-89.

[27] 唐坤，卢玲玲．建筑工程项目风险与全面风险管理 [J]. 建筑经济，2004（4）：49-52.

[28] 王耀华，吴贤国，骆汉宾．知识管理在建筑工程质量管理中的应用 [J]. 华中科技大学学报（城市科学版），2004，21（4）：81-83，92.

[29] 魏文萍．建筑工程管理的影响因素与对策 [J]. 财经问题研究，2015（6）：67-70.

[30] 吴可，梁卫辉．建筑装修材料可挥发性有机化合物散发特性分析 [J]. 建筑科学，2020，36（10）：27-34，133.

[31] 谢世伟．建筑工程项目质量管理研究 [J]. 财经问题研究，2015（6）：59-62.

[32] 许兰方．关于建筑工程技术的特点与发展趋势探讨 [J]. 四川水泥，2021（09）：307-308.

[33] 闫桂芬，韩小军．建筑工程项目成本管理刍议 [J]. 现代财经（天津财经学院学报），2005，25（11）：66-67.

[34] 杨颖 . 建筑工程施工技术及其现场施工管理探讨 [J]. 煤炭技术，2012，31（8）：237–238.

[35] 游普元 . 建筑工程材料质量检测管理系统的设计与实现 [J]. 煤炭技术，2011，30（4）：127–128.

[36] 张洋 . 建筑施工企业工程项目成本管理的问题与对策 [J]. 山西财经大学学报，2018，40（z2）：28–29.

[37] 许兰方 . 关于建筑工程技术的特点与发展趋势探讨 [J]. 四川水泥，2021（9）：307–308.

[38] 闫桂芬，韩小军 . 建筑工程项目成本管理刍议 [J]. 现代财经（天津财经学院学报），2005，25（11）：66–67.

[39] 杨颖 . 建筑工程施工技术及其现场施工管理探讨 [J]. 煤炭技术，2012，31（8）：237–238.

[40] 游普元 . 建筑工程材料质量检测管理系统的设计与实现 [J]. 煤炭技术，2011，30（4）：127–128.

[41] 张洋 . 建筑施工企业工程项目成本管理的问题与对策 [J]. 山西财经大学学报，2018，40（z2）：28–29.